林蛙繁殖场之蝌蚪培育池

林蛙养殖简易圈

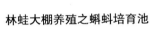

林蛙大棚养殖之蝌蚪培育池

林蛙永久饲养圈

林蛙正常抱对

林蛙不正常抱对

林蛙皮下充气病背面观

林蛙皮下充气病腹面观

林蛙红腿病背面观

林蛙红腿病腹面观

中国林蛙鲜油

泡好的中国林蛙油

干剥中国林蛙油

鲜剥中国林蛙油

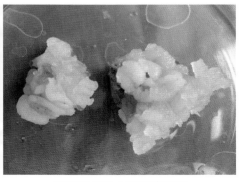

泡好的中华大蟾蜍输卵管

中华大蟾蜍输卵管干制品

3

中华大蟾蜍

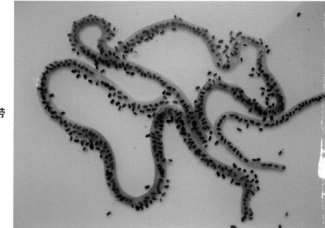

蟾蜍卵带

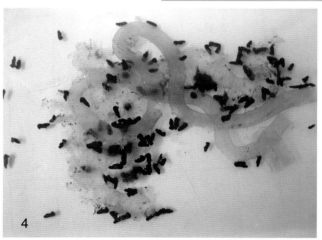

刚孵出的蟾蜍蝌蚪

4

蛙类养殖新技术

王春清　吕树臣　编著

金盾出版社

内 容 提 要

经济蛙类人工养殖是近年来国内特种水产养殖业中的一类新型项目,具有投资少、收益高、见效快的特点。本书详细介绍了林蛙、蟾蜍、牛蛙、虎纹蛙4种经济蛙类的最新人工养殖技术。文字通俗易懂,内容全面,可操作性强,适合广大养殖户阅读使用,亦可供农林院校、科研院所相关专业人士参考。

图书在版编目(CIP)数据

蛙类养殖新技术/王春清,吕树臣编著 . — 北京 : 金盾出版社,2013.3(2014.8 重印)
ISBN 978-7-5082-8039-4

Ⅰ.①蛙… Ⅱ.①王…②吕… Ⅲ.①蛙类养殖 Ⅳ.①S966.3

中国版本图书馆 CIP 数据核字(2012)第 305352 号

金盾出版社出版、总发行

北京太平路 5 号(地铁万寿路站往南)
邮政编码:100036 电话:68214039 83219215
传真:68276683 网址:www.jdcbs.cn
封面印刷:北京印刷一厂
彩页正文印刷:北京天宇星印刷厂
装订:北京天宇星印刷厂
各地新华书店经销
开本:850×1168 1/32 印张:6.375 彩页:4 字数:150 千字
2014 年 8 月第 1 版第 2 次印刷
印数:8 001～11 000 册 定价:13.00 元

目　　录

第一章　林蛙养殖

林蛙学名为中国林蛙（*Ranatemt rartachensi*），又称蛤蟆、黄蛤蟆、油蛤蟆、金鸡蛤蟆、蛤士蟆、田鸡等，其分布范围广，但以东北三省居多。是一种经济价值很高的食、药、补为一体的珍贵两栖类动物。食用，被人们誉为山珍；药用，被古今医家视为宝。因而林蛙（本书如无特殊说明，所述林蛙皆指中国林蛙）及其产品在国内外市场畅销，而且价格高昂，一直呈供不应求的局面。然而，林蛙的自然资源随着人们的过度利用，日趋枯竭，所以在保护培育资源的同时，积极发展林蛙养殖业势在必行。

第一节　林蛙的经济价值

一、药用价值

雌性林蛙输卵管经加工制成的干制品，称为林蛙油、雪蛤油、田鸡油等。

1. 林蛙油的主要成分　林蛙油的化学成分复杂，其主要成分为蛋白质，占总量的 56.3％，纯蛋白质含量为 40.7％，脂肪 4％，还有蛙醇、多糖类、胆固醇、磷脂、维生素、脂肪酸、人体必需的 10 种氨基酸、微量元素及激素等。所含激素有 17-雌二醇、17-羟甾醇、甲状腺素、睾酮，所含微量元素有钾、钙、钠、镁、铜、锌、锰、硒等，维生素有维生素 A、维生素 D、维生素 E 和少量胡萝卜素，所含 18 种氨基酸（其中有 10 种为人体必需氨基酸），主要为赖氨酸、亮氨酸、异亮氨酸、缬氨酸、苏氨酸、甘氨酸、谷氨酸、天门冬氨酸、酪氨酸、脯氨酸及丝氨酸等。其中各种氨基酸的含量为：谷氨酸12.91％、甘氨酸8.58％、缬氨酸3.78％、羟脯氨酸7.74％、酪氨酸5.21％。

2. 林蛙油的药理作用　林蛙药用历史悠久。据学者考证，《本草纲目》和《本草图经》中的"山蛤"即为林蛙。林蛙体味咸、性寒、无毒，具有养肺滋肾功能，常用于治疗虚劳咳嗽、小儿劳瘦、疳疾，也可用来清热、解毒、消肿、抗炎，主治体虚气弱、精血不足、病后失调、神经衰弱、心悸失眠、盗汗、肝脾顽疾、肺痨咳嗽、产后亏血、产后无乳等症。林蛙油味甘、咸、性干，具有"补肾益精，养阴润肺，补脑益智"之功效。现代药理研究揭示，林蛙油能促进幼龄动物的生长发育和性成熟，延长雌性动物的兴奋期（动情期），抗疲劳效果明显，人服用后可提高记忆力等，还可提高机体免疫力功能和抗应激能力，并能明显提高巨噬细胞的吞噬率和吞噬指数，清除自由基，增强机体非特异性免疫功能和体液免疫功能。林蛙油具有增强免疫力、延缓衰老的作用，被国际市场誉为"软黄金"。据报道，林蛙油有促进动物生长发育、促进生殖细胞增殖的作用。它还是一种人体免疫增强剂，在抗衰老、抗肿瘤、抗感染、防治风湿病和乙型肝炎方面可以发挥重要作用。同时，林蛙的整体干制品也具有滋补强身的功效。

林蛙油常用于身体虚弱、病后失调、精神不足、产后无乳、心悸失眠、盗汗不止、痨嗽咯血、肺结核、肝炎等消耗性疾病，特别对老年人，久治失调的康复作用更佳。用其给手术后的病人口服，可促进手术创口愈合，效果极佳。

3. 林蛙油的利用　林蛙油的传统服用方法有生服法和熟服法2种。生服法是将林蛙油用清水洗去灰尘，用凉水浸泡8～12小时后呈白色棉絮状，即可服用，一般成年人每次用量5～15克，早晨饭前服用。熟服法是将泡好的林蛙油蒸熟后再服用，若在其中加入少量冰糖或几滴白酒除去腥味，口感会更好，便于服用。也可与黄芪等其他补益药物配合使用,效果更好。现代服用方法是将林蛙油制成林蛙油片、口服液、罐头、冲剂、林蛙油精、软胶囊或林蛙油酒的形式直接服用,更为方便。

二、食用价值

林蛙具有极高的营养价值,肉质细嫩,味道鲜美,是高级宴席中的上品。林蛙肉白、鲜、香、嫩,味道鲜美,营养丰富,高蛋白、低脂肪、低胆固醇,已成为倍受人们青睐的高级佳肴,适合于各类人群。食用方法:先将活蛙放入 60～70℃的热水中,将林蛙烫死后立即捞出,洗净后即可烹饪,保持林蛙形体完整,待食用时再摘除胃肠。如清炖蛤士蟆、红烧蛤士蟆。还可将林蛙制成五香蛙肉罐头、清蒸蛙肉罐头、林蛙肉松等风味食品。

三、饲料价值

制取林蛙油的副产品如蛙的肌肉、内脏、骨骼等可作为珍贵毛皮兽如水貂、紫貂及珍禽场的饲料,也可加工成林蛙蝌蚪的饲料,其营养成分丰富,饲料报酬高,是解决动物蛋白饲料的一个重要来源。

四、生态价值

林蛙主要以昆虫为食,在维持森林生态平衡和保护生物多样性等方面具有十分重要的作用。林蛙是许多农业害虫的天敌,在农田和山林大面积放养林蛙,是对农业害虫进行生物防治,减少农药污染的一条有效途径,既获得了养殖效益,减少了药物经费支出,又维护了生态平衡,是生态农业的有效体现。据统计,1 只林蛙 1 年能捕食各种害虫 3 万多只。另据测试,一般 1 只林蛙每天可捕食各类昆虫 50～120 只,多至 300 只,在所食昆虫中绝大部分为有害昆虫,如时虫甲、夜蛾幼虫、树粉蝶幼虫、尺蠖和叶蜂等农业上有名的害虫,因此,人类把林蛙称为森林的"卫士"、农业的"良友"。此外,林蛙还采食传播疾病的动物和寄生虫的中间宿主,如蝇、蛞蝓等。更有意义的是,林蛙在完成生殖开始上陆生活的时候,正是昆虫开始大量繁殖的时候,昆虫的休眠期,也正是林蛙的冬眠期,因此,它对控制昆虫的大量发生发展进而维持生态平衡起着不可低估的作用。林蛙主要生活在针阔混交林下,林区害虫可满足其生长所需的大量食物。林蛙"贪得无厌",几乎不加选择地捕获力所能及的所有昆虫,尤其对于林区落叶松松毛虫的防治来说,有着重要的生态学意义。

在我国,人工饲养林蛙开始于 20 世纪 30 年代,那时的养殖方法较为粗放,养殖量也较少,随着几十年来经验的积累和科技的进步,人工养殖林蛙的技术也不断完善和提高,尤其是近年来,封沟养殖、温室养殖等成功实例不断涌现,养殖量也在不断增加,但仍远远不能满足国内外市场对林蛙的需求,所以发展林蛙的养殖前景看好。另外,养殖林蛙技术简单、投资少、周期短、见效快,实为致富奔小康的一条有效途径。

五、实验价值

在有关生物学各领域科研及教学中,林蛙也是较常用的实验动物之一。

六、美容价值

近年来对林蛙产品的美容成分研究进展迅速,有人从林蛙皮肤中提取保湿因子,将其添加到化妆品中,保湿效果良好,用林蛙皮肤制作的面膜,美容保湿效果极佳。另外,从林蛙卵中提取低分子活性物质,用其生产美容产品,可抑制人体皮肤的角化和老化,有良好的养颜作用。林蛙油经充分溶胀后释放出的胶原蛋白、氨基酸和核醇等物质,可促进人体特别是皮肤组织的新陈代谢,保持肌肤光洁、细腻,保持肌肤的年轻态、健康态。其含有丰富的胶原蛋白,与人体皮肤有较好的亲和力,极易被皮肤吸收,对防止手足皲裂、保湿、晒后修复、除皱、止痒、淡化色斑、头发护理以及促进伤口愈合都有较好的功效。林蛙头、肝、胆、皮等部位均含有较好的美容佳品原料,关于这一方面的产品有待于进一步被开发利用。

第二节　林蛙的生物学特性

一、分类与分布

(一)分类地位　林蛙在动物分类学上属脊索动物门、脊椎动物亚门、两栖纲、无尾目、蛙科、蛙属。我国一般将林蛙分为8个类群(亚种),即峰斑林蛙、日本林蛙、昭觉林蛙、中亚林蛙、中国林蛙、阿尔泰林蛙、黑龙江林蛙和恒仁林蛙。

(二)常见的养殖种类　蛙科是两栖纲最大的一科,全世界有36属、500余种。我国的蛙科动物有6属72种和8个亚种。有资料表明,我国现有4种林蛙,即中国林蛙、黑龙江林蛙、昭觉林蛙、日本林蛙。4种林蛙均可制取林蛙油,以中国林蛙和黑龙江林蛙制取的林蛙油质量最好,药用效果最佳。国内常见的养殖种类也主要是中国林蛙和黑龙江林蛙,国外也有几种养殖种类,主要是中国林蛙的变种,其制取的林蛙油质量以及药用和食用效果均不如中国林蛙。下面介绍中国林蛙、黑龙江林蛙、日本林蛙和昭觉林蛙的鉴别特征和在国内的分布。

1. 中国林蛙　分布在黑龙江、吉林、辽宁、河北、山东、河南、山西、陕西、内蒙古、甘肃、新疆、青海、西藏、四川、湖北、江苏。中国林蛙(药用林蛙)的主要产区在我国的东北三省,如辽宁省的凤城、清源、海城、恒仁;吉林省的桦甸、舒兰、蛟河、抚松;黑龙江省的宁安、尚志、五常等地。此外,朝鲜半岛、俄罗斯与乌苏里江接壤地区也有分布。

2. **黑龙江林蛙** 主要分布在我国黑龙江、吉林、内蒙古、辽宁等地。外形特征是：头较扁平，头长、头宽几乎相等。吻端尖圆，稍突出于下颌，吻棱较明显，颊部向外倾斜。鼻孔位于眼吻之间，眼间距小于鼻间距，而与上眼睑等宽。鼓膜显著，锄骨齿椭圆形。前肢较短壮，指端圆，指较细长，第二、第三、第四指常有指基下瘤，内外掌突均显著。后肢短，胫短，足长于胫。趾端钝圆而略尖，蹼发达，蹼缘缺刻不深。关节下瘤显著而小。内掌突较细长，有游离缘，外掌突圆小或无。皮肤为林蛙群中最粗糙者，背侧褶不平直，在鼓膜上方斜向外侧，随即又折向中线，再向后延至胯部，两侧褶间有分散的疣，大致成行排列，后部的疣多而小，一般不成行。体侧、腹部两侧及后肢背面有许多小疣。颜色变异颇大，背面棕灰色或深灰色带有绿色。背侧褶及背部疣上或附近有黑色斑点。鼓膜处的三角形黑斑大而显著。咽、胸部及腹部有朱红色与深灰色花斑。四肢背面有黑横纹，四肢腹面多为深灰色，间有少量朱红色小斑点。雄性前肢较粗壮，第一指内侧有灰色婚垫，无内声囊，有雄性线。

3. **昭觉林蛙** 见图1-1。多分布在四川、贵州和云南山区。外形特征是：头长略大于头宽，吻端尖圆，吻棱明显，鼓膜大，锄骨齿椭圆形。指端圆，内外掌突均显著。后肢长，胫长超过体长之半，趾端圆，蹼膜较发达，关节下瘤较发达，内掌突长椭圆形，外蹠突小而圆。皮肤较平滑，背侧褶细窄而直，无趾褶。体色有变异，背面一般为黄棕色或棕色、深棕灰色，并散有橘红色小斑点，两侧褶间有隐约可见的不规则斑纹，两眼间有横纹，体侧蓝灰色，并有

图 1-1 昭觉林蛙

黑色不规则的小斑点,鼓膜处黑色三角形斑显著。腹面乳白色或乳黄色,近胯部及股腹面有时为橘红色。四肢背面有黑色或黑绿色横纹。雄性前肢粗壮,第一指上有极显著的灰色婚垫,无内声囊,有雄性线。

　　4. 日本林蛙　见图1-2。在我国中南部有广泛分布。外形特征是体形较为细长,头长大于头宽,吻端钝尖,吻棱明显,鼓膜为眼径的2/3,锄骨齿短。前肢较壮,指端圆,关节下瘤发达,内外掌突均显著。后肢长,胫长超过体长之半,趾端圆,关节下瘤小而显著,内蹠突长椭圆形,外蹠突极不显著。皮肤光滑,雄蛙

图1-2　日本林蛙

一般无疣,雌蛙背部及体侧常有少数小圆疣。腹面光滑,雌蛙一般有外蹠褶,雄性不显著。体色变异颇大,背面及体侧一般为绿黄色、草黄色或绿灰色,上有浅棕色或深灰色小斑点。腹面呈乳黄色,咽部有时有不规则的灰色斑点。雄性前肢强壮,第一指的灰白色婚垫极显著,蹼较雌性发达,无内声囊,有雄性线。日本林蛙成蛙与昭觉林蛙很相似,但两种林蛙的蝌蚪差异显著。

二、形态特征

　　(一)外部特征　林蛙外形似青蛙。整体可分为3部分,即头、躯干和四肢,颈部不明显。

　　1. 头部　扁平,长宽相近,吻端钝圆,略突出于下颌,吻棱明显,口宽大,口角后端颌腺明显。头的前端上方有2个鼻孔,鼻孔上有瓣膜,且随时开闭,以控制气体的进出。眼睛位于头的上方两侧,大而突出,眼上有眼睑及瞬膜。两眼之间有一黑色横纹。眼后

方为圆形的鼓膜,上有黑色三角形斑,鼓膜直径约为眼径的 1/2。鼻间距大于眼间距。

2. **躯干**　包括背部、体侧及腹部。背部及体侧为黑褐色或灰褐色,少数为土黄色。背部有"人"字形黑色斑纹。雌雄林蛙的腹面色泽有所不同,雄林蛙腹面灰白色带褐斑,而雌林蛙腹面多为黄白色夹杂橙红色斑纹。背部及体侧无显著疣粒。背侧褶在颞部上方斜向外侧,其前端与颞褶上端相连,后端伸达胯部。

3. **四肢**　上部为黑褐色或灰褐色,背面有显著的黑色横纹。前肢短而粗壮,四指细长,指端钝圆,指长顺序为 3、1、4、2,关节下瘤、指基下瘤和内掌突明显,外掌略小。后肢长,约为前肢的 3 倍,具五趾,3、5 趾等长,4 趾最长,趾间有蹼,较为发达,关节下瘤明显。雄蛙前肢较雌蛙粗壮,拇指内侧有发达的婚垫,呈灰色或黑色。雄蛙咽侧下有 1 对内声囊。林蛙的雌雄外部鉴别特征见表 1-1。

表 1-1　林蛙雌雄鉴别

部　位	雄　蛙	雌　蛙
体型	稍小	较大
腹部颜色	灰白色带褐斑	多为黄白色夹杂橙红色斑纹
躯干宽高	较小	较大
前肢(上臂径)	较粗	较细
婚垫	有	无
内声囊	有	无
抱对行为	有	无

(二)内部构造　了解林蛙内部构造及各器官的部位和生理功能,对搞好其人工繁殖和养殖有很好的帮助作用,下面介绍几个主要系统器官的构造及生理功能。

1. **皮肤系统**　林蛙皮肤裸露,由表皮和真皮组成。富有腺体和血管,具有呼吸功能。皮肤是林蛙在水中生活及冬眠时的主要呼吸器官,在体表有轻微的角质化现象,皮肤内有色素细胞,可进行色泽变化,构成保护色。其黏液腺分布在真皮内,分泌的黏液排至体外保持皮肤湿润,有利于呼吸。由于其皮肤对水和气体的渗透,所以皮肤还具有调节体温的作用,也就是说,随着水分和气体渗透出入,环境和体内温度可达到一种平衡。因此,其体温变化受外界影响较大。

2.肌肉系统　和其他脊椎动物一样,林蛙具有横纹肌、平滑肌、心肌。横纹肌均已进化为纵行或斜行的长肌群,控制头骨及脊柱的运动。背部及腹部肌肉发达,四肢肌环绕带骨及肢骨,较为发达,增强了四肢的运动和跳跃能力。平滑肌构成内脏器官的管壁。心肌是构成心脏的特殊肌肉。

3.骨骼系统　林蛙的骨骼系统由中轴骨和附肢骨组成。中轴骨包括头骨和脊柱骨。附肢骨包括带骨、肢骨。带骨包括肩带骨和腰带骨,肢骨包括前肢骨和后肢骨。

4.消化系统　消化系统的主要功能是完成机体摄食、消化、吸收及排泄。消化系统主要有消化道和消化腺。消化道主要有口、舌,其通过口咽腔连接着食管、胃、肠,肠通过泄殖腔开口于肛门。消化腺主要有胃腺、肝脏及胰脏。

口由上下颌构成,宽阔而大。口腔齿着生于上颌边缘,口腔顶部鼻犁骨上还着生有2簇犁骨齿,均无咀嚼作用,有把持食物和防止食物滑脱的作用。口腔底部前端着生有舌根,舌尖向后,上有丰富的黏液腺,能分泌黏液,在摄食时,舌尖迅速翻出,粘捕食物后迅速翻入口腔,闭口将食物整体吞下,食物经口咽腔进入食管。舌根着生部位及捕食过程如图1-3所示。

口腔和咽腔分界不明显,统称口咽腔,除有唾液腺开口、舌、齿外,还有内鼻孔、耳咽管孔、喉门和食管开口。食管长约1厘米,其将食物经贲门输送入胃。胃是食管的膨大部,其能对食物暂时性

图 1-3　林蛙舌根着生部位及捕食过程

储存(约 1 昼夜),并进行机械性蠕磨和化学性消化(胃壁腺细胞分泌消化液),然后食物通过幽门进入小肠。小肠有胆总管的开口,其将胰脏分泌的消化液、肝脏分泌的胆汁及贮存在胆管内的胆汁等送入小肠,各种消化液将进入小肠的食物进行化学性为主的消化,大部分营养在小肠内吸收,剩余部分排入大肠(又称直肠),大肠吸收掉部分水分后,将消化吸收后的残余物送入泄殖腔,泄殖腔也有重吸收水分的能力,未吸收部分经肛门排出体外。

消化腺主要有胃腺、肝脏及胰脏。胃腺直接分泌胃液于胃内,主要含有稀盐酸和胃蛋白酶,软化并分解食物。肝脏主要是形成和排出胆汁,通过肝管将胆汁输入胆囊或将胆汁经胆总管排入小肠,胆囊内胆汁也经胆总管排入小肠。胰脏分泌的消化液通过胰管汇入胆总管,再进入小肠,在小肠内对食物进行化学性消化。

5. 呼吸系统　林蛙在不同的生活环境和不同的生活时期采用不同的呼吸方式,这主要因为其是由水生向陆生进化转变时期的动物,其生活世代中,由水生鳃呼吸经变态形成陆生动物的肺呼吸。其肺不发达,只是简单的囊泡状结构,气体交换量少,不能完全满足机体代谢对氧代谢的需要,因而还要靠另一种辅助呼吸方式——皮肤呼吸,来满足机体对氧代谢的需要。皮肤呼吸是靠湿润的体表和皮肤上的微血管进行内外气体交换,其吸氧量占机体代谢吸氧量的 40%。所以,林蛙虽然能够上陆地生活,但仍不能完全离开水,一是其繁殖要在水中进行,二是其皮肤需要经常保持湿润,这主要靠其皮肤腺分泌黏液和水的浸润,而黏液的形成分泌需要机体水代谢平衡,因而机体不能长期离开水。

鳃主要是其蝌蚪变态前在水中生活时期的呼吸器官,变态成幼蛙后,内部器官发生了变化,肺呼吸和皮肤呼吸完全代替鳃呼吸,而营水陆两栖生活。

鳃在蝌蚪前期为 3 对羽状的外鳃,后期则消失而代之以 3 对内鳃,为水中生活的蝌蚪的呼吸器官。

成体营水陆两栖生活,呼吸器官主要由外鼻孔、鼻腔、内鼻孔、口咽腔、喉气管室和肺构成,另外还有皮肤腺内的毛细血管。其口咽腔内毛细血管丰富,可以进行部分气体交换。由于林蛙没有胸廓,因而不能进行胸式或胸腹式呼吸,它的呼吸方式属咽式呼吸。在水下及冬眠时期,皮肤呼吸对维持机体代谢起着重要的作用,因而在冬眠时要保证环境有一定的湿度,以保持皮肤湿润,完成皮肤呼吸。

雄性林蛙在口咽腔侧下部有 1 对内声囊,声带振动发声产生的气流通过声囊而共鸣扩大。雌性林蛙无内声囊。

6. 循环系统　由心脏和血管组成。心脏位于胸腔的围心腔内,有 2 心房 1 心室和 1 个静脉窦、1 个动脉圆锥组成。其循环包括肺循环和体循环。由于只有 1 个心室,其多氧血和缺氧血不能完全分开,所以又称其循环为不完全双循环。血管由动脉、静脉、毛细血管等组成,动脉将心脏的多氧血输送到全身,将缺氧血输送到肺脏;静脉将全身的缺氧血送回心脏,以及将肺脏经气体交换的多氧血输送到心脏,完成整个机体的循环。

淋巴系统是血液循环的一个辅助系统,其由脾脏、淋巴管、淋巴窦、淋巴心和淋巴液构成。淋巴液是组织间隙中的组织液进入淋巴管形成的,其中含有血浆、白细胞,由于毛细血管不能使红细胞透过,所以淋巴液中无红细胞。淋巴液通过淋巴管可以将组织内的代谢废物输送到血管,经肾脏排出体外,也可以将营养物质经血管输送给组织。脾脏位于直肠的肠系膜上,是制造淋巴细胞的器官。淋巴心有促进淋巴液流动的作用。

7. 泄殖系统　包括排泄器官和生殖器官,之所以称为泄殖系统,是因为林蛙的排泄器官和生殖器官还没有完全形成独立的器官,同一器官既有排泄功能,又有生殖功能。泄殖系统的主要功能是产生并排出生殖细胞,以及排泄机体代谢废物。

(1)排泄器官　主要有肾脏、输尿管、膀胱、泄殖腔等。肾脏呈暗红色,长椭圆形,1 对,位于体腔背部体中线两侧,是主要的泌尿过滤器官。其腹面有一排橙黄色丝状物(为肾上腺),每个肾后端连通输尿管,将肾脏形成的尿液排至泄殖腔,经过膀胱在泄殖腔的开口进入膀胱并贮存于膀胱,达到一定体积后,由括约肌和腹肌的作用,将尿液排至泄殖腔,经肛门排泄至体外。膀胱在两栖类生物体水代谢中有重要的作用,在水中生活或环境湿度大时,通过皮肤透入体内的水、口腔饮入水及机体代谢水等通过肾脏的过滤作用,多余的水及代谢物形成尿而排出体外;而干旱缺水时,机体为保水,可重吸收膀胱内尿液中的水分供机体使用,所以膀胱在一定条件下起到了贮水的作用。

(2)生殖器官　雌性林蛙有卵巢 1 对,呈囊状,淡黄色杂有黑色颗粒,成熟时体积增大,有大量的黑色卵粒充满体腔。其成熟的卵经伞状输卵管开口进入白色的输卵管,输卵管呈迂回曲折状,通过膨大了的输卵管——子宫开口于泄殖腔。在生殖季节,受雄性林蛙刺激和拥抱,加上雌性林蛙腹部收缩,大量的卵通过泄殖腔被一次性排出体外,即为产卵。

雄性林蛙有一对浅黄色、呈椭圆形的睾丸(精巢),位于肾脏腹面。每个睾丸借助输精小管与同侧肾脏相连,精子由睾丸产生后,借助输精小管经过肾脏进入输尿管,输尿管具有排尿与排精的双重作用,因此又叫输精尿管;输精尿管在进入泄殖腔前膨大为储精囊,用于储存精液,储精囊与泄殖腔相通。

林蛙在肾及生殖腺的背侧前方有脂肪体 1 对,富含脂肪,为黄色佛指状物,具有营养生殖细胞的作用。

8. 神经系统和感觉器官　林蛙的神经系统包括脑、脊髓和神经。脑、脊髓统称为中枢神经系统,由脑、脊髓发出的神经和神经节构成外围神经系统。神经主要有脑神经和脊神经。脑神经有 10 对,如嗅神经、视神经、听神经等。脊神经是由脊髓发出的神经,分布于躯干和四肢,调节躯干和四肢的活动。

感觉器官包括视觉、听觉、味觉、嗅觉等器官。这里只介绍视觉和听觉器官。

眼:林蛙的视觉不健全,只能看见附近的物体,但在水中可远视。为了弥补其视力不佳,林蛙有较灵敏的嗅觉和听觉,从而能有效地捕食和逃避敌害。林蛙眼球中的晶体不能调节凸度,只有当物体位于焦点时,才可看得清楚,而对非移动的物体往往视而不见。所以养殖初期,投喂非活饵料时,要经过一段时间驯化才能适应。林蛙眼球角膜呈凸形,晶体扁圆,具有可向前拉动晶体的牵引肌,这样就具有很高的聚光能力,所以林蛙在夜间也能看见活动着的小昆虫。

耳:林蛙听觉灵敏,但无外耳,仅有内耳和中耳。内耳与中耳相连,内耳上遍布听觉神经末梢,中耳有鼓室、鼓膜,鼓室与鼓膜由耳柱骨连接。鼓膜感受振动,经耳柱骨将外界声波传到内耳,产生听觉。

三、生活习性

林蛙生活在海拔 1 800 米以下地带,以海拔 1 000 米以下地带数量居多。完全营陆地生活,习居于阴暗潮湿山坡的树丛下或山涧溪流附近。其每年的活动极有规律性,整个生活周期通常分为越冬期、生殖期和陆地生活期 3 个阶段。一般在每年的 9 月下旬至翌年 4 月下旬营水栖生活,严冬时群集于深水处的沙砾或石块下进行冬眠;3月份解冻后进入附近的水域或沼泽地带鸣叫抱对,产卵于岸边浅水处水草上;每年4月下旬至9月下旬进入森林生活。

(一)越冬期 一般为6个月,分为入水期、散居冬眠期、群居冬眠期和冬眠活动期4个时期。越冬期林蛙生活在水中,是其对外界不良环境的一种适应性反应。

1.入水期 每年秋分过后,天气渐寒,陆地上(森林中)的昆虫日益减少。当气温降至15℃时,林蛙就陆续从山上向山下移动。这一时期大约从9月下旬持续到10月初,为期半个月左右。但正常情况下,大约有半数以上的林蛙是在1~2天晚上集中入水的。由于气温和水温在这一时期不稳定,林蛙入水的时间和在水中生活也不稳定,当水温高于10℃时,林蛙重新登岸,在岸上活动或潜伏在水边的石块下面;当温度低于10℃时,又重新入水。

2.散居冬眠期 从10月初至11月初,林蛙分散潜伏于小河、溪流的较浅水域的石块下、沙粒之间,或钻进岸边水下树根及水草间,但栖息地并未固定,夜间常出来寻找新的、适宜越冬的隐蔽场所。经过一段时间,气温下降至0℃左右时,林蛙便移居于沟渠、池塘、水库,潜藏在水底的淤泥里、石块下、树根旁及水下植物间进行冬眠;当温度继续下降,河水即将封冻时,初进入冬眠的林蛙便向更深的水下或淤泥内集中,进行群居性冬眠。

3.群居冬眠期 11月初到翌年3月中下旬,气温降到0℃以下,河水开始结冰,林蛙便逐渐移向深水区或不结冰的暖水区,几十只甚至成百上千只地集中到一个冬眠场所,互相拥挤在一起,开始群居冬眠。冬眠期间,林蛙不食不动,四肢蜷曲,头部向下低缩,使新陈代谢降低到极低水平。冬眠群体大小不一,小群一般20~30只,大群150只或更多。林蛙群居冬眠,也是对不良环境的一种适应。也有相当数量的林蛙仍然在深水处分散冬眠。一般是在水深2米,严寒不能冻透的深水区冬眠。

有些林蛙不在水下冬眠,而是在原陆地栖息地冬眠,如松软的草地土壤里，林中的枯枝落叶层下、石块下、树洞深处等。究其原因，一般认为有两个，一是气温突然下降，寒流侵袭，林蛙没有时间向水域栖息地运动，而就地寻找背风、向阳、保温性能较好的环境进行冬眠；二是干旱少雨，河溪水少或干涸，水域缺乏，或离水域过远等，致使林蛙不能在水中越冬。冬眠期一般 5～6 个月，不同地区冬眠期长短不同。气候温暖、潮湿时冬眠时间短（5 个月左右）；气候阴冷、干旱时冬眠时间长（6 个月左右）。

4. 冬眠活动期　林蛙从 3 月末至 4 月上旬开始解群，渐渐开始活动，分散越冬的林蛙也从越冬场所出来，在河中进行短距离游动，但并不上岸。此期成蛙的生殖功能已处于活动状态，雌蛙处于跌卵期，即卵细胞从卵巢跌落到体腔，经输卵管进入子宫。雄蛙精巢有精子发生和成熟，为繁殖期做好了生理准备。但幼蛙没有集群冬眠现象，也没有冬眠活动期。

（二）繁殖期

1. 出河期　林蛙不能在其越冬的河流中产卵，在生殖期间，必须从越冬的河流里出来，转入静水区产卵，此过程为出河期。出河的早晚与气温、年龄、性别以及冬眠场所有关，如果气温转暖较早，出河时间就早。一般在 2 月底至 5 月初林蛙出蛰，由冬眠地点出来，发育成熟的林蛙便到沟溪、水田等浅而静的水域去繁殖。雄性林蛙鸣叫招引雌性林蛙，开始抱对、产卵和受精。在吉林省林蛙一般于 4 月中旬左右，当气温在 5℃ 以上，水温在 3℃ 以上时开始出河；在辽宁省，林蛙出河时间是在 4 月初，黑龙江省的则比吉林省的还要推迟几日。另外，成蛙出河早于幼蛙；雄蛙早于雌蛙；冬眠场所向阳的早于背阴的。

林蛙出河时间比较集中，一般在 5～10 天全部出河。往往在气温较高、气压较低、湿度较大、无风、微风或降小雨的天气，林蛙出河达高峰。具体出河时间通常在每日的 16 时至次日凌晨 2 时之间，高峰在 20～22 时，午夜之后出河的急剧减少，凌晨停止出河。下一个出河高峰在次日同一时间。

雄蛙出河后本能地寻找适合的繁殖场所,并开始鸣叫。雌蛙则寻叫声上岸与雄蛙抱对。

2. 抱对产卵期　林蛙没有外生殖器,因而也无性器官的交接作用,其产卵前的抱对行为,只起到异性刺激的作用,以引起雌性排卵、雄性排精,精、卵在水中结合完成受精过程。

抱对时间随出河时间而异,一般在 4 月 15 日左右。要求气温在 5~7℃,最低水温 2℃,河岸边有沙滩处,土壤表面温度 3~5℃。

林蛙正常抱对一般为一雄一雌,但也出现一雌多雄或一雄多雌不正常的抱对现象。雄蛙紧抱雌蛙后停止鸣叫,直到雌蛙排卵、雄蛙排精后才终止抱对,此过程一般 5~8 小时,个别持续一日或数日。抱对产卵地点有两类,即永久性池沼和临时性池沼,无论哪种类型,都以在较温暖的浅水池沼的近岸边较多,水深一般在 1 米以下,通常 20~30 厘米。也有在深水滩边或伏在水中草秆及树枝上,头部露出水面;少数也有进入深水底的,但经常浮上水面呼吸。水面必须是平静而不流动的,即使轻微流动,林蛙也不会在那里产卵。林蛙的抱对方式是腋抱型抱对法。雄蛙的两前肢从雌蛙背后腋下借助婚垫作用,紧紧抱住雌蛙的前胸部,后肢收缩盘曲,整个蛙体伏于雌蛙背部,随雌蛙在水中游动。

3. 产后休眠期　也叫生殖休眠期。雌、雄成蛙抱对结束后,雄蛙上山寻食,而雌蛙并不立即离开繁殖场地,而是先在附近寻找林缘等僻静潮湿的地方,潜入松土下 3~5 厘米或钻入树根、石缝之间、枯枝落叶下面,开始短暂的产后休眠期。部分雄蛙也有生殖休眠现象,其生物学意义在于恢复生殖过程中的体力消耗。有的林蛙在抱对、产卵后,雌、雄个体便分别潜入水底,进行 15 天的产后休眠。产后休眠的时间因产卵的早晚而异,先产卵的先休眠,后产卵的后休眠。因此,产后休眠与越冬休眠不同,不是集群而是分散进行的,一般持续 10~15 天左右,即从 4 月中旬至 5 月初,此期气温为 10～14℃,土壤温度为 5～10℃。休眠期雌蛙停止采食。当土壤温度上升到 10℃以上时即陆续从休眠中苏醒,开始到森林里活动。

(三)林蛙的陆地生活期　林蛙从 5 月初至 9 月末为陆地生活期。在此期间,林蛙不再进入水中,而是栖息于冬眠场所附近的山林、农田、草丛中,以潮湿的山林阴坡居多,特别是郁闭度大、枯枝落叶层厚以及多岩石的阔叶林,更是林蛙生活的好场所,活动范围为 1 000～2 000 米。根据林蛙陆地生境的变化,陆地生活期又可分为上山期、森林生活期、下山期 3 个阶段。

1. **上山期**　雌、雄林蛙的上山期不同,部分雄蛙完成抱对排精后便陆续上山寻食,雌蛙则要经过产后休眠期后方可上山。2 年生尚未达到生殖成熟的青年蛙,在成蛙出河后也相继出河,只经过短暂的春眠,就可上山。当年变态的幼蛙,先后离开变态场地,在附近的草丛中活动,同时捕捉一些幼小的虫类,于 5 月下旬至 6 月下旬,分期分批地陆续上山。

林蛙主要沿植物带上山,有时也通过农田入山林,但农田对其通过不利,特别是大片农田更是幼蛙的天然障碍,当遇到干旱天气,幼蛙会因无法通过大面积农田而导致大批死亡。

2. **森林生活期**　从 5 月中旬至 8 月末为林蛙的森林生活期,历时约 3 个月,这是林蛙生活史中最活跃的时期,也是一年中生长发育的主要时期。营陆栖生活的林蛙多生活于潮湿阴凉、植被茂密的山坡、树林、农田或草地。春秋雨季,多在中午出来活动,夏季早晚出来活动,主要以各种昆虫为食,大的有蝼蛄、蝗虫,小的有螨虫、蝇子、蚊子等,多数是农林业害虫。据报道,1 只林蛙每天能捕食各种昆虫可多达 300 余只。林蛙有趋弱光性,在阳光直射的地方会使其逃离或隐蔽起来,其爬行、攀登、跳跃、钻行能力均很强,大的林蛙可以攀上约 1 米高的围墙,小的林蛙可在垂直的光滑物体上爬行自如,阴雨天林蛙可钻入松软的土下约 30 厘米,还可以跳过 30 厘米高的围墙。

林蛙在林中主要沿山地植被分布区域活动。在有其生存的地方,植被类型都是有层次地垂直分布,如乔—灌—草植被类型。乔木层多是阔叶杂木林,林下有茂盛的灌木和草本植物,这样的生境条件才能适应林蛙的栖息。

林蛙主要在白天活动,但气温超过 25℃ 以上时,多藏匿在倒木下或枯枝落叶层下面休息。

3. 下山期 从 9 月份开始,当温度下降到 15℃ 以下时,营陆栖生活的林蛙便开始从山上向山下的水域地带移动,同时摄食大量食物,以备冬眠。大规模的迁移活动是在 9 月中旬。当气温在 10℃ 以上时,林蛙暂时在河流两岸或河边林缘草甸栖息活动,待气温下降至 10℃ 以下时,即陆续入水冬眠。这种冬眠前的向山下迁移活动多在夜间进行,但在雨天、白天亦大批往冬眠地移动。

四、食 性

林蛙为肉食性动物,只能捕食活的动物,不能吃死的或不动的动物;但在蝌蚪期属杂食性,能食水生动物或植物性食物。

(一)蝌蚪期 受精卵在适宜温度时发育为蝌蚪。刚孵化出的蝌蚪附着在水草上,以卵黄为营养,蝌蚪从鳃盖完成期之后开始,到变态为止,为蝌蚪期,共 40 天左右。蝌蚪孵出 2~3 天后开始摄食,先以卵膜为食,第一周,主要吃卵胶膜,以后则吞食一些浮游生物,如绿眼虫、草履虫等,随着个体的增大,还摄食较大的水生生物及淹没在水中的昆虫、蚯蚓、动植物碎屑及人工饵料等。25 天前后是食量最大的时期。蝌蚪后期也吃浮游动物,到变态前 1 周停止摄食。蝌蚪对水的污染十分敏感,其生活环境不仅要求有机质丰富,而且水质要好,不能腐臭变质,也不能有任何污染,如化肥、农药、工厂的废水等,否则均影响蝌蚪的生长发育或使其不能生存。

(二)幼蛙和成蛙期 完全水中生活的蝌蚪经 50 天左右变态

为幼蛙。幼体林蛙经过一段时间的水陆两栖生活,为避免日晒或干燥,一般是在夜晚或阴雨天便离开水域,开始陆栖生活。

北方地区,林蛙捕食旺季为 6、7、8 月份,约 100 天。7、9 月份捕食活动集中在白天 8～15 时,而 8 月份则在 9～12 时和 14～16 时,且总的取食时间也略有增加。

林蛙不仅食性广,而且食量也大,几乎不加选择地捕获一切能捕捉到的昆虫。

第三节　蛙场建设

一、人工半散放蛙场的选址与建设

林蛙养殖成功与否,与养殖场的条件能否适应林蛙的生物学特性有关,人工养殖多采用人工繁殖、天然放养、封沟保护的养殖方法。因此,养殖场包括繁殖场、放养场和越冬场三部分。

(一)蛙场需具备的条件

1. 森林　以阔叶林和针阔混交林为主的林相。阔叶树以桦、杨、山胡桃、地棉槭、紫椴等为主,针叶树以红松、杉松、臭冷松、落叶松等为主。

林间空间结构有 4 个层次,即乔木层、灌木层、草本植物层、枯枝落叶层。乔木层要求树龄在 20 年以上,最低不能低于 15 年,树密度大,树冠相接,林下郁闭度大,光线暗淡。灌木层要求密度大,并有利于一些小动物的生活。草本植物层要求草本植物层繁茂。

枯枝落叶层要求枯枝落叶层厚。森林面积越大越好,一般要有 20～50 公顷的有效放养面积。

2. 水源　俗话说"水多林蛙多,水少林蛙跑"。理想的水源是在养殖场内有一条或数条山涧溪流,水量不宜过大和过小,一般宽 1～3 米、深 20～50 厘米的小河比较合适。水源应充足清洁,没有污染,水呈中性。在冬春林蛙冬眠及繁殖季节必须保证水量充足,绝不能断流。

(二)蛙场的选址与修建 首先考察森林树种、林型、树龄等方面是否适于作养殖场。如果森林条件合适,就要根据养殖场划出养殖场范围。要按照天然分水岭划分,就是以天然分水岭为养殖场的界线。养殖场的地形地势,一般为两边是高山,中间为河谷,河谷以洪水不泛滥为好,河谷要宽阔并有较大而集中的平坦地带作为修建繁殖场之用。

其次是水源情况,主要考察冬春两季的水源的状况,要求四季流水不断,枯水季节水量充足而不干涸,最好地下有涌泉,冬季不结冰,或仅结一层薄冰。河底以泥沙质为好,水源没有被污染,养殖场的位置应远离村庄及大道,最好选择比较安静,偏僻的大型山沟。

1. **繁殖场** 是林蛙繁殖的场所,从产卵到蝌蚪变态,包括产卵、孵化、蝌蚪生长发育都在繁殖场里完成,直到蝌蚪进入变态期才运送至变态池。繁殖场的地点应尽量选择在放养场附近或放养场之中,使繁殖场与放养场相结合。

繁殖场应选择在地势平坦、背风向阳、温暖、便于排灌之处修建,土质以渗水性小、保水性强的黏土为好。水源充足,水质良好,附近无工矿企业污染水源,最好有长年不断的河水或山涧溪水,稻田地的水因含有农药成分,对蝌蚪生长不利,应尽量避免使用。

繁殖场的类型有两种,一种是开放式,另一种是封闭式。开放式的繁殖场易受自然条件影响,产量极不稳定。封闭式的繁殖场可人为控制水温、水质和光照,生产条件较稳定,有利于按计划组织生产,便于科学管理,但投资较大。封闭式繁殖场有塑料大棚式和玻璃温室式两种,前者简易,成本低;后者成本虽高,但可提高蛙卵的受精率、孵化率和幼蛙成活率,是林蛙养殖的发展方向。

繁殖场主要包括贮水池、产卵孵化池、蝌蚪培育池和变态池几部分,前三种集中修建在一处,变态池要修在放养场附近。每投放

1 000对种蛙(或卵团)需要有1 500米²的繁殖场,包括饲养池约1 000米²,池埂、排灌水渠约500米²。

(1)产卵孵化池

①塑料薄膜产卵孵化池。规格为3米×4米,池深40厘米,池埂一般上宽30厘米、下宽40厘米、高50厘米。用4.4米×5.4米的塑料薄膜衬于池底及池壁内侧,再铺垫5厘米以上的黏土,压实,水池上设入水口,下设出水口,按对角线设置,以便加快更换池水的速度。这种池最好头年秋季修建,翌年春季使用,以使池底及池埂生长杂草固定土层,防止水质浑浊。

②水泥产卵孵化池。规格为3米×4米,池深45~50厘米,水深30厘米,池底及池壁均用沙石砌成,并用水泥抹平,使之不漏水。水泥池造价高,一般不宜修建过多,有条件时,可修建约10米²水泥池,春季供种蛙产卵用,秋季可暂时贮存商品蛙。

(2)蝌蚪培育池　是繁殖场的主体部分,占繁殖场水池总面积的80%~90%。每池的规格以3米×3米或4米×4米为宜,也可建成圆形池。小型池既便于操作,又适于蝌蚪在水池边缘活动的生活习性,可充分利用水池的边缘面积。为防止夜间水池断水干涸导致蝌蚪死亡,培养池的池底最好修成锅底形,且在池子中央修建一个深30厘米、直径50厘米的安全坑,内衬塑料薄膜,并用土和石块压实,防止灌水时冲走。当遇到断水时,蝌蚪能自动集中到安全坑里,避免干死。另外,当遇到水温低或低温天气时,蝌蚪也可躲进安全坑,此时,安全坑起到保温避寒作用。

(3)贮水池　作用是提高水温,在东北地区尤其适用。

(4)变态池　是供变态期蝌蚪完成变态的场所,因此,最好分散修建在放养场之中,根据放养场的面积计划放养变态蝌蚪的数量,确保变态幼蛙均匀分布在放养场中,减少因密度过大而引起的死亡。

变态池的地点要选择地势平坦、周围有较密的森林、林下有较好的草本植物及枯枝落叶层的地方。通往变态池应有较方便的行走路线，便于往变态池送水和蝌蚪。

变态池需春季提前修好，并在变态前1周进行检修放水，调整水位，为投放蝌蚪做好准备。

变态池有流水变态池和塑料薄膜变态池2种。其面积大致是繁殖场面积的1/15～1/10。

①流水变态池。一般修建在山谷河流附近，或沿河流沿岸，选地势较平坦，低洼湿润，而且引水方便的地方。在变态池周围要有树林、灌木丛等供变态幼蛙暂时栖息。栖息地土壤表面环境要潮湿，光线弱，并且在枯枝落叶中有数量较多的昆虫。变态池可根据地形地势修建成正方形、长方形或其他形状，池底修成锅底形，中央深，四周浅，中央水深30～40厘米，边缘水深保持在5～10厘米，这样的池形有利于蝌蚪变态。每个变态池以10米²为宜，每公顷有效放养森林面积应当修建10～20个的变态池。

②塑料薄膜变态池。可分散地修建在放养场各处，每公顷放养场修10～20个，每个变态池的面积以2～3米²为宜。坑深30厘米，池埂有40°～50°的倾斜度，以便幼蛙登陆上岸。池底及内壁衬以塑料薄膜，并用土压实。灌水深度25厘米左右，在顺坡的一侧可以留一缺口，长20厘米、宽10厘米，安装纱网。在降水多时多余的水从此缺口自动流出，避免冲毁变态池。

2. 放养场　根据林蛙的生活习性，放养场必须建在森林覆盖率60%以上，以阔叶林和针阔混交林为主的地方，东北三省主要以桦、杨、榆、槭、山胡桃、柞树等为主的杂木林，树龄在15～20年，森林层次结构明显，各层植物茂盛，郁闭度大，林下光线暗淡、湿度大，昆虫资源丰富。

根据养殖计划圈出养殖场的范围，划分方法一般以天然分水岭为界，可两山夹一沟或三面环山，河谷平坦，无洪水泛滥。在河谷较平坦处可修建繁殖场。

放养场内必须有充足的流水,如常年不干涸的小河或溪流,宽1~3米,水深20~30厘米。为保证林蛙冬眠期和繁殖期的安全,最好有地下涌泉,冬季不结冰或仅结一层薄冰。河底土质以泥沙质为好,多岩石的河底不利于捕捉林蛙。在养殖场区域的河流上无大型水库,以防林蛙进入水库,秋季无法捕捉。放养场附近,特别是山上无工矿企业污染,同时也应避开居民区,最好建在比较安静偏僻的大型山沟里,在过去或现在有林蛙分布的地方,最适合建场。

放养场离越冬场一般在500~1 500米,最远不超过2 000米,二者之间不应有大面积农田等较大的隔离带,否则,当秋季遇到干旱时,林蛙下山后难以通过大面积隔离带返回越冬场所。

3. 越冬场　是林蛙冬眠的场所。由于林蛙是在水下群居冬眠,因此,越冬场必须保持一定的水位。东北冬季严寒,小河和溪流常出现断流现象,在这种情况下,如果没有适合的越冬设施和正确的技术管理,就会出现林蛙冻死现象。越冬场可分为天然越冬场和人工越冬场2种。

(1)天然越冬场　天然越冬场主要包括河流、山涧溪流、较大的江河和山区小水库等。要求离放养场在500~1 500米,严冬枯水期不断流,水流量不低于0.02~0.03米^3/秒,稳水区水深在1米左右,深水湾水深1.5米以上。当深水处水深不足1米或面积过小时,应人工修整,适当加深加大。一般水深在1米左右,面积在10~15米^{2}的水域可容纳数千只林蛙越冬。

深水湾的修整工作应在洪水期过后,一般在9月初进行,1年修整1次,修整后要根据情况投放供林蛙越冬的隐蔽物,如石块、草把子等。

(2)人工越冬场　包括水库、地窖和水井。

①水库。在河流沿岸的一侧,避开主河道和洪水泛滥之处,在距离主河道10米左右,每隔500~800米修建一座面积100~200米^2、水容量在200~500米^{3}的小型人工水库,水库通过入库渠与

出库渠与主河道相通,并有闸门控制入库水流量,使水库蓄水深达2米以上。水库每年要清理一次淤泥,林蛙出河后要关闭闸门,使水库断水,防止淤塞。

水库越冬法贮存林蛙,最好分两阶段进行,在9月中旬至10月末水温不稳定期间,先不让林蛙入库,而是用贮蛙池暂存一段时间,直到水温在10℃以下,再将林蛙放入水库。

②地窖。在离繁殖场不远的地方,选择一处地下水不渗漏、土质疏松的地方,挖一长4米、宽5米、深2米左右的地窖,窖顶覆盖0.5米厚的土,留一个直径0.08米通气孔和一个0.5米×0.5米的窖门,窖底铺一层厚0.25米的泥沙,泥沙各占一半;或0.5米厚的阔叶树叶。每窖可以贮600只种蛙,地窖温度一般保持在2~7℃,空气相对湿度保持在80%~90%。贮存过程中,每周要检查1~2次。

③水井。采用石块、砖、水泥砌成一口井,保证水温、溶氧量和pH值等条件符合林蛙越冬的需要,可进行高密度的林蛙越冬贮存。

二、人工精养蛙场的选址与建设

人工精养林蛙是继林蛙人工半散放养殖后的一种养殖方式,不需要大面积森林与水源,提高了林蛙成活率与回捕率,有效地防治林蛙生活期的天敌,提高雌性林蛙的比例,同时保护了自然资源,维护了林蛙的生态平衡。

(一)养蛙场地的选择 人工精养林蛙场必须具备两个条件:一是植被,即选择土质肥沃、杂草丛生的庭院地、园田地等较开阔地带,也可选择背风向阳,靠近山林的灌木丛、疏林地等地带。二是水源,养蛙场内要有长年不断的河水、溪水,冬春枯水季节不干涸,保证林蛙冬眠和繁殖期、生长期的安全用水。

(二)养蛙场内设施的建设 养蛙场内设施,主要分为繁殖场和越冬场,可根据林蛙不同的生育时期对环境条件的要求进行建设。繁殖场是供林蛙产卵、孵化及蝌蚪生长、发育的场所,包括产卵池、孵化池、蝌蚪培育池、变态池等,是林蛙采食、生长、发育的场所,包括围栏、饲养圈。越冬场供林蛙越冬之用。

1. 繁殖场内设施的建设

(1)孵化池的建设　产卵池和孵化池是专门供林蛙产卵和卵团孵化用的。产卵池和孵化池可建在一起,既产卵又孵化,一池两用。该池要建在阳光充足、地势平坦的地方,池坝高度在60~80厘米,池内深浅不一,池水深10~50厘米,池子大小要根据地形和养蛙的多少而定。水源一定要充足,能排能灌,细水长流,进出水口设在同一个方向,在出水口设铁丝栏网,以防止蝌蚪外逃。池坝要坚固,不塌不漏水。池周围用塑料薄膜围起来,防止种蛙外逃。每平方米放种蛙10对,或卵10团。

(2)培育池和变态池的建设　培育池和变态池是专供饲养蝌蚪和蝌蚪变态时用的池子。池子要设进出水口,池子中间要修一个安全坑,深度在50厘米以上,在出入水口设铁丝栏网,防止蝌蚪外逃,每平方米放养蝌蚪2 000~3 000只。具体建法与产卵池相同。

以上池子如果修得好,也可以一池四用,但池外必须设围栏,出水口设铁丝网,以防种蛙、蝌蚪变态后的小蛙外逃。为了延长林蛙生长时间,使其早孵化、早饲养、早变态,可将产卵池等建在大棚内,池长根据棚长而定,宽2~3米,水深10~50厘米,设进出水口、围栏、铁丝网。为了不使池子漏水,可用4米宽的塑料膜铺在池底,然后在池底上设两处土堆。大棚上要设置天窗,以便调节棚内气温。

2. 养殖场内设施的建设

(1)林蛙饲养圈的建设　林蛙饲养圈是饲养幼蛙和成蛙的场所,林蛙要在圈内取食生长达4~5个月。饲养圈的类型可根据养殖者的经济条件而定,可建立永久性或简易性的。建立永久性的可利用砖和水泥或水泥制成专用的水泥板,水泥板或砖墙地上部分高为 70 厘米,上檐向圈内倾斜呈 90°角,檐长 10 厘米。圈的边长 5 米,每圈面积 25 米²,可养幼蛙 10 000 只,成蛙 5 000 只。圈内各角要修成圆形,避免直角。小圈外再设一层围栏,高 1 米,将全场区围住,圈栏可用水泥板、砖墙或塑料薄膜制成。简易性的养殖场可用塑料薄膜围成。方法是:在需要围栏的地方挖成一条小沟,铲平,每隔 2 米设立一向圈内倾斜 25°角的木桩,高 1 米,钉有横梁,塑料薄膜上方穿上铁丝,然后钉在木桩横梁上,下面用土埋住底边,每圈面积 20～30 米²,圈内避免形成直角。这样圈栏形成后,外面还要设一层围栏,将整个养殖场围住,高度 1 米。

(2)用水设施的建设　水源是主要条件。如果水源不足,不能保持圈内经常性的湿润状态,以及水质被污染,对林蛙养殖是十分不利的。饲养场内可人工设置一条小水沟,圈中央建一贮水池,池水要经常更换;或是在饲养圈上面架设喷水设施,利用水泵抽水喷洒。例如,辽宁省抚顺市清原林蛙研究所在圈墙上面架设硬质 6.6 厘米塑料管,并在管壁上扎孔,安装塑料喷头,利用一台水泵抽水进行人工喷水,每天 2～3 次,使圈内始终保持空气相对湿度在 80%～90%。如果养殖面积大,可在圈内安装自控喷头,进行人工降雨,效果更佳。

3. 越冬场所的建设　为了使林蛙安全越冬,要因地制宜地建设林蛙的越冬场所,如越冬池、越冬窖、地下室、室内冬眠池等。

(1)越冬池的建设　越冬池是林蛙正常越冬的良好场所,可建在两山夹一沟的沟底,建造规格标准与半人工养殖相同。越冬池也可以利用养殖场内现有水坑、洼地、凹地建成越冬池,如果水位不够,可筑起围墙或深挖贮水,一般保持冰层下 1 米水深。建造越冬池必须设进出水口,要求池中细水长流,不能干涸,不能断水。越冬池面积一般在 1 000～3 000 米² 为宜,可容纳正常越冬成蛙 10 万只,幼蛙 100 万只。

(2)越冬窖的建设　修建一个宽 2 米,深 1.8～2 米,长度根据林蛙数量而定的地窖。可用石头、砖,水泥等筑成永久性的越冬窖,窖底为土层,四个角不能成直角,略呈椭圆形为宜。窖内放些石头、树叶、秸秆等达 0.5 米厚,窖口及周围设有防鼠设施,窖内要有通气孔,用以调节窖内温度。

(3)室内冬眠池的建设　冬眠池可建在室内或温室大棚内。一般长 5 米、宽 2 米、深 1.5 米,池水深 1～1.2 米,全池应建在地下深 0.5 米,地上高 1 米,池用砖砌水泥抹面,不能漏水,四角不能成直角。设进水口和排水口。冬眠池面积多少视养蛙量而定,两池之间相距 1 米,以便人工作业。在林蛙冬眠前,先将树叶放在池底,厚 20 厘米,再将种蛙、幼蛙放入冬眠池越冬。每池可放成蛙 2 000 只、幼蛙 5 000 只以上。

有些地方在冬季将经过食性驯化的幼体和成体林蛙利用大棚或温室养殖,具有许多优点:温室养殖属集约化生产,密度大,占地面积小,易管理;变冬眠为冬养,缩短了养殖周期;温室内可种植蔬菜,既提供了林蛙所需要的隐蔽、潮湿、温度适宜的环境,又增加了收入,一举两得。

温室养殖林蛙技术目前仍处在探索中,还有待于完善和发展,养殖过程虽无固定模式,但应注意以下四个方面:

第一,温室内以养殖林蛙为主,种植蔬菜为辅,所以,温室内的环境和设施一定要按照林蛙的生存条件进行设计和管理。

第二,由于是在冬季养殖,昼夜温差较大,所以,室内应设有加温设备,如暖气等,以减少昼夜温差的影响。同时,室内水温与气温的温差也不可过大,有条件的可利用温泉水或工厂余热设置管道使水加温。适于林蛙活动的温度范围是 1～27℃,应控制室温在 10℃左右,尽量缩小水温与室温以及昼夜变化的温差,保持室内温度恒定,以利于林蛙的正常生长和发育。

第三,温室内的放养密度不可过低,否则生产效率低,设施得不到充分利用,一般每平方米室面积放养幼体林蛙 200 只左右,成体林蛙 100 只左右。

第四,温室内水面与陆地的面积比为 1∶4～5,水深 0.2～0.4 米。水面不可过大,水也不可过深,否则水体加温困难。

利用大棚或温室变冬眠为冬养,打破了林蛙的冬眠习性,使其能够全年生长,由幼体养成商品食用规格的林蛙需 6～8 个月(而自然条件下约需 16 个月),但经冬养后其是否能作为取油用林蛙,油的质量是否符合药用指标,2 龄林蛙经冬养是否可以完成繁殖行为等,均有待于进一步研究。

三、环境因素对林蛙的影响

(一)温度 温度不仅影响水中发育的受精卵、蝌蚪,也会影响到生长发育期的幼体及成体林蛙的生存与繁殖。林蛙是变温动物,环境温度变化必然会影响其体温变化,影响个体体内代谢,从而影响到个体生长发育,甚至生存。另外,温度变化也会引起林蛙食物种类及数量的变化,从而影响林蛙的采食,以致影响其个体的生长发育和繁殖。

环境温度过低会使林蛙冬眠期延长,推迟其抱对、产卵与受精的时间。温度还会影响受精卵的胚胎发育,进而影响其孵化率。随着温度的升高,孵化所需的时间缩短,但孵化率降低。孵化的最适水温是 18℃左右,孵化时间是 7 天,孵化率 93.6%。东北地区因温度较低,孵化时间要 15 天左右。温度过低会推迟蝌蚪的变态,有的推迟长达 30 天。其最适生长发育温度是 18～24℃,在此温度范围内,完成变态约需 50 天,温度高出 28℃便会造成死亡。对于幼体和成体来说,温度过低活动减少,所摄食的浮游生物或昆虫数量也都减少,从而影响其正常的生长与发育;但温度过高的干旱天气,不仅会影响到昆虫的滋生繁殖,使食物减少,也会使林蛙脱水、皮肤干燥,从而影响其正常生存。正常的环境温度及其他条件下,2 龄林蛙即达到性成熟可进行繁殖,并可以取油;环境条件差时,要 3 龄才能达到性成熟。

(二)湿度　蝌蚪生活于水中,食物以浮游生物为主,湿度变化不是影响其生长发育的主要因素。而幼体及成体林蛙对湿度则有一定的要求,离开水环境的幼体及成体林蛙要到阴暗、潮湿的陆地环境中生存发育。林蛙皮肤角质化程度低,富含腺体,毛细血管丰富,湿度低时不利于机体保水,温度越高,要求湿度也越高,若遇高温、干旱的气候,会使机体严重脱水,甚至死亡,此时林蛙就要钻入落叶层或松软的土壤内,以避过高温、干旱的环境,求得生存。高温干旱气候也不利于昆虫的繁殖与生存,从而影响林蛙的食物结构及正常生长发育。

(三)光照　陆栖生活的林蛙有趋弱光性,阳光直射会使其逃离或隐蔽起来,因此其常生活于阴暗、潮湿的环境。但正常发育中的幼体及成体,光照可以促进其性腺发育与成熟,光照过少则会对其造成影响,从而影响其繁殖力。作为养殖场,要设置适合林蛙生存的接近自然的阴暗、潮湿环境,保证一定时间的光照,但要避免阳光直射,以保证林蛙的正常活动和正常的生长发育与繁殖。

在气温多变季节,光照会增加水温,促进浮游生物的繁殖,给蝌蚪提供富足的食物;但炎热夏季,若阳光直射,导致水温过高,会使蝌蚪死亡。因此,适宜的光照会增加蝌蚪的活动和摄食量,从而促进其生长发育。

(四)水质　林蛙的水中生活时期包括冬眠、受精卵的孵化和蝌蚪生活期。水质的好坏直接影响受精卵的孵化率及蝌蚪的成活率。

1. 溶氧量　胚胎发育与蝌蚪呼吸均要求水中有较高的溶氧量,适于胚胎发育与蝌蚪生长的水中正常溶氧量为 4 毫克/升。缓流水的溶氧量一般较高,除此外,溶氧量还受温度、气压的影响,温度高、气压低时,水溶氧量下降,夏季水中微生物、浮游生物过多时,也会导致溶氧量下降,影响胚胎发育和蝌蚪的生长。

2. 酸碱度　适于胚胎发育及蝌蚪生长的酸碱度即 pH 值为

6～8。水体中饵料和动物粪便过多、水生生物过度繁殖等,不仅降低水的溶氧量,高温下发酵也会影响水的酸碱度,水体过肥还影响水的透明度。

3. 含盐量　水中含有盐类物质,含盐量过大会增加水体渗透压,影响水生物的正常生命代谢,某些盐类,如硝酸盐、铵盐、硫酸盐等含量过高,还会导致生物体死亡。所以,在高温季节,水体内不能长时间放置过量的动植物碎屑,以免引起水体腐败、发酵而产生大量的盐类,影响水质。所以,及时清除水中污物,按时换水,或定期消毒,保持水体卫生,是保证水质良好的重要条件。同时,还要注意所用水源不可有"三废"、农药、化肥等污染。

不同地区、气候条件下,林蛙繁殖的时间有所不同。气候温暖地区、当年温度高的地区,林蛙的冬眠期要短一些,开始繁殖的时间也就早些,如华北及江苏、湖北等地。而较寒冷的地区,如在东北,林蛙冬眠时间要持续到 4 月底甚至 5 月初,因此,其开始繁殖的时间就较晚。

出蛰后的成体林蛙,在水温高于 1℃时,即向有机质丰富的静水或缓流水域运动,如池塘、水田、水沟、小河、溪流等。在浅水区(深 10～30 厘米)开始抱对、产卵及受精。气温回升至 10℃左右,水温在 5～8℃时,大批林蛙进行抱对、产卵和受精。一般 2 年生林蛙即可达到体成熟和性成熟而开始繁殖,以 3～6 年生的林蛙繁殖力最强。

在抱对前,雄性林蛙开始鸣叫,招引雌性林蛙,当雌性林蛙选择到合适的雄性林蛙时,便开始抱对,雄体不再鸣叫,伏于雌体背部,两前肢抱住雌体胸腹部。抱对一般在傍晚、雨天或夜晚进行,抱对时间长短不一,有的几小时,有的长达 3 天。抱对时间的长短取决于雌体内卵的数量和成熟度,另外还有个体差异的影响。一般在抱对后 5～8 小时,雌体受到雄体的拥抱刺激以及本身的反应性动作如腹部收缩等,将卵排出体外。有的雌体一次性将卵排出,有的雌体则时排时停,持续几个小时。一般每个雌体产卵量800～2 000粒不等,这取决于雌体年龄、大小以及怀卵量等。在雌体产卵的同时,雄体接收到来自雌体的信息和机械性反应,将精液排出体外。精、卵于水中结合,完成受精。

刚产出的卵黑色,粒状,直径约1.5毫米,外围包被卵胶膜,聚集在一起形成4～5厘米的团状沉于水下,待胶膜吸水膨胀后浮于浅水面或黏附于水草上,在适宜的温度条件下,约1周时间,受精卵孵化成蝌蚪。受精卵孵化时间长短取决于水温的高低。胚胎发育早期,对低温耐受力强,可适应的温度为1～24℃。水温低,孵化较慢;水温10℃以上,孵化就快一些,孵化时间随水温升高减少,但孵化率随之降低。

抱对后的雌雄林蛙离开产卵池进入土壤层,进行产后休眠,休眠时间15天左右,然后离开休眠场所,到阴暗、潮湿、食物丰富的区域营陆栖生活。

第四节 林蛙的繁殖

一、林蛙的繁殖特点

(一)生殖腺的发育

1. 雌蛙 雌蛙生殖腺主要是卵巢,其发育的标志为卵巢重量的增加,卵泡由小到大逐渐发育的同时,输卵管也发育膨大起来。

1年生的幼蛙生殖腺处于幼稚阶段。当幼蛙生长到13个月,即第二年7月间,生殖腺发生明显变化,卵巢的体积和重量明显增加。7月初,卵巢中完全为白色透明卵泡;7月中旬至7月末,卵泡颜色由白色变为灰色;8月,卵泡变为黑色,中等大小;8月末至9月,卵泡变大,动物极和植物极开始分化,动物极为黑色,植物极为灰色或灰白色。

输卵管在 7 月下旬开始发育,由原来细线状逐渐加粗加长,并出现曲折,颜色由淡黄色逐渐变为白色。8 月输卵管发育速度加快,重量增加,变粗变长,异常曲折,颜色乳白,具油质光泽。9 月是输卵管发育高峰阶段,长度与重量迅速增加,平均长 33.1 厘米,平均重 4 克左右。

3 年生以上林蛙生殖腺发育与 2 年生林蛙相似。雌蛙在 4 月生殖之后卵集体积缩小,输卵管变成细线状,颜色呈淡黄色。7 月生殖腺开始发育,8~9 月发育迅速,卵巢中卵泡及输卵管的发育变化情况与 2 年生林蛙相同。

2. 雄蛙 雄蛙生殖腺发育的内部标志,是精巢的状态。在非生殖季节或未成熟期,精巢体积小,颜色为红色。进入冬眠期,尤其是春季生殖季节,精巢体积增大,颜色也变为黑色。

(二)受精与胚胎发育 林蛙为季节性繁殖动物,24 月龄达性成熟,卵生,体外受精。2 年生雌蛙怀卵量为 1 000~1 300 粒/只,3~4 年生的怀卵量约 2 000 粒/只,5 年以上的繁殖力下降。

林蛙受精卵细胞的直径为 1.5~1.8 毫米,卵黄集中在卵的下部,呈灰白色或白色,称为植物极;卵的黑色部分(约占卵表面的 2/3),称为动物极。动物极黑色素较多,可吸收热量,促进卵的发育。未受精的卵,卵胶膜吸水膨大,卵与卵胶膜之间空隙小,卵细胞本身在卵周隙内不能转正其轴位,因此,植物极朝上,露出水面部分,呈白色或灰白色。受精卵约经 3 小时后动物极朝上,卵轴正位,植物极转动朝下。因此,野外采集林蛙卵团时,应分清是受精卵还是未受精卵。

林蛙卵的孵化期与雌蛙的产后休眠期是一致的,约 15 天。早期的胚胎发育可分为 24 个时期,自然条件下,胚胎早期对低温的抵抗力较强,据观察,在最低水温为 6℃时,胚胎仍能发育,但发育速度较慢。因此,温度不同,孵化期也不同,当水温在 25℃时,孵化期为 240 小时;16~18℃时 284 小时;5~10℃时,474 小时;自然孵化条件下,环境温度较低,历时 20 多日。

(三)蝌蚪期　从鳃盖完成到变态,是林蛙的蝌蚪期,在自然条件下,为 40 天左右。实际上,蝌蚪生长的旺期只有 35 天左右,35天之后,体重急剧下降;在 35 天时体长基本到最大长度,一般为19～25 毫米,以后体长无明显增加;在 30 天时体重达最大,平均为 93 毫克;在 35 天时,尾最长,平均为 32 毫米;从 40 天开始,尾部迅速缩短,进入变态期。蝌蚪发育到 25～30 天开始出现后肢;39～40 天出现前肢。

蝌蚪耐低温不耐高温,适于其生长发育的水温在 10～25℃,低于 10℃,生长缓慢;高于 28℃,易导致死亡。蝌蚪集群性强,白天聚集在沿岸水区活动,夜间则分散伏于水底。通常情况下,5 月份,蝌蚪多在阳光充足或温暖的水域活动;6 月份则在阴暗处活动。在降雨、刮风、阴天和气温下降等情况下,蝌蚪就会分散潜入水底。

(四)变态　指蝌蚪的形态特征、生态特征和生理特点发生根本变化的过程。在由蝌蚪向蛙的转变过程中,原来适应水中生活的某些器官退化消失,代之以适应陆地生活的器官,主要表现在体形变小;体重减轻一半以上;头由尖圆形变为三角形,出现蛙头的形状;体部出现侧褶,前肢迅速发育;尾部迅速萎缩;唇齿脱落;口形变成幼蛙口形,在下唇前缘出现了舌;鳃呼吸转变为肺呼吸;心脏逐渐发育成两心房、一心室,出现了不完全双循环;消化道缩短了一半以上,前部分化出胃,后部为小肠和大肠。在变态期,蝌蚪停止摄食,运动方式由鱼类的游动方式过渡到蛙类的运动方式。生活方式由水中生活过渡为水陆两栖直至陆地生活。蝌蚪从 40天开始进入变态期,整个变态期持续 1 周左右。

二、林蛙的繁殖技术

(一)种蛙的采集、选择与运输

1. 种蛙的采集　一般情况下,在养蛙的头 2 年,可采集野生林蛙作种蛙,第三年可自己留选种蛙。

(1)采集时间　可在春秋两季进行。春季采集应抢在林蛙出河期及产卵之前,一般只有 10～15 天(4 月初至 4 月中旬),如果采集过晚,种蛙进入繁殖场很快产卵,就会失去当年的种用价值。秋季捕捉时间长(9 月中旬至 10 月末),种蛙数量多,有充足的选择余地,因此,是采集种蛙的最佳时期。秋季还可以到远处采集种蛙进行长途运输。

(2)采集方法　有手捕法和瓮捕法。无论采用何种方法,都应尽力避免损伤蛙体,否则,产卵过程中很容易死亡。盛装种蛙的工具最好是形状固定的鱼篓或筐类,这类工具通气性好,又可有效地保护蛙体不受损伤。此外,还可用桶装,但切忌装水,否则易使蛙窒息死亡。

2. 种蛙的选择　种蛙的好坏将直接影响林蛙的生产力,因此,一定要逐个进行选择。

(1)年龄要求　3～4 年的林蛙为壮龄蛙,体大、产卵量多,适宜作种蛙,但数量少,因此,也可在 2 年生的蛙中选择体大、健壮的留种。

(2)体重要求　2 年生的蛙体重不低于 27 克,体长在 6 厘米以上;3 年生的体重不低于 40 克;4 年以上的蛙体重不低于 55 克。畸形蛙不宜留作种用。

(3)体色要求　选择黑褐色.体背有"人"字形黑斑的蛙作种蛙。土黄色或花色蛙抱对产卵时死亡率高,一般不宜选择。

(4)雌雄比例　通常为 1:1,有时可适当多留些雄蛙。

(5)来源　每年应异地选择,避免近亲繁殖。

3. 种蛙的运输　种蛙采集后,可暂时贮存在水池或地窖中,待数量达到要求时再统一包装运输。包装工具一般选用筐或木箱,也可以用铁丝笼,规格为 60 厘米×70 厘米×30 厘米,铁丝笼网眼的直径为 0.5 厘米。笼箱底部铺一层塑料薄膜,再放一层加水浸泡湿润的苔藓植物或潮湿的稻草。每箱数量以500只为宜。途中要经常保持湿润,防止林蛙因干燥死亡。冬季运输应注意防冻,可用泡沫箱装运保温。

(二)蛙卵的采集与运输

1. **蛙卵的采集** 在春季林蛙产卵期直接到田间、水坑、沼泽地采集蛙卵是目前普遍采用的方法。捞取卵团宜早不宜晚。每日上午5~10时是捞取卵团的最佳时间,此时卵团体积小,重量轻,弹性大,容易运输,且孵化率高,一般在产卵后4小时之内采集效果最好。

捞取卵团的工具为捞网,盛卵的工具以水桶为好,桶内放一些水,防止卵团相互粘连。

采集林蛙卵时,要注意将青蛙卵、蟾蜍卵与林蛙卵鉴别开来。在东北地区林蛙产卵时间早,大部分林蛙在清明前后开始产卵,刚产出的卵团是圆形的,受精卵粒大,呈黑色,未受精卵粒呈白色,孵出的蝌蚪也是黑色的。青蛙产卵时间较林蛙晚,大约在4月下旬以后,卵粒大而呈黄绿色,卵团的外表有一层黄胶膜,孵出的蝌蚪大,皮肤呈黄色。蟾蜍产卵时间最晚,大约在5月上旬后,卵粒大,呈黑色,卵呈直线形状,孵出的蝌蚪呈黄色,尾短。

2. **蛙卵的运输** 短距离运输可用干净的盆或水桶盛装,桶内可以不装水,长距离运输,为防止卵团互相粘连,影响胚胎发育,盛装工具要大些,并加适量的水,加水量占卵团体积的1/3。

(三)产卵 当气温升至7~10℃,水温在5℃以上时,即可将林蛙按1:1的雌雄比例放入产卵池配对产卵。实践中,有些雄蛙配对能力差,不能及时抱对,可将雄蛙比例增加20%左右。不同年龄混合配对时,因体长和体重的差异而导致配对效果差。因此,应先按年龄分组,即2年生雌蛙与2年生雄蛙或3年生雄蛙配对。

林蛙的产卵期大体可分为开产期、产卵高峰期、末产期三个阶段。在气候条件正常的情况下,平均15天左右就可完成全部产卵

过程。如遇到低温天气时,产卵期延长。人工养殖常见的产卵方法有:

1. **箱式产卵法** 将规格为 60 厘米×70 厘米×50 厘米的产卵箱放入产卵池中,每箱按计划放入 30～50 对林蛙,产卵箱框架为木质结构,底为 16 目铁纱网,周围用塑料薄膜钉严,不加盖。箱内保持 10 厘米水层。如果池水太深,可把箱底用砖石垫起,使箱内保持浅水层。也可将产卵箱斜放,使箱内一侧水深,一侧水浅,深水区(水深 15～20 厘米)供林蛙配对时活动,浅水区(水深 10 厘米)供林蛙排卵或休息。箱内密度不能过大,否则,活动种蛙易冲击正在产卵和排精的种蛙,也易冲散卵团,造成损失。产卵箱可根据地形排成纵列或横列,箱与箱之间保持 20 厘米的间距。

产卵后要及时将卵团捞出送入孵化池进行孵化。一般每小时捞 1 次,刚排出的卵暂不捞取,要捞取直径 5 厘米以上的卵团。如果不按时捞卵,卵团吸水膨大,占据产卵箱内的水面,既影响其他蛙产卵,也容易互相粘连在一起,捞取时造成损失。已排完卵的雌蛙要及时从产卵箱中取出,送往休眠场,同时取出一半左右雄蛙。

2. **圈式产卵法** 即让种蛙在产卵池自由配对产卵。因林蛙攀缘能力及穿洞能力很强,因此,在产卵池四周池埂上要用塑料薄膜设置屏障,通常地上部分高 1.0～1.3 米,地下部分深 25 厘米。产卵池以 20～30 米² 为宜。池底铺垫大颗粒沙石。按 1:1 的雌雄比例,每平方米放 50 对左右,产卵后按时捞取卵团移入孵化池。

由于产卵池的面积较大,随时捞取已产卵的雌蛙比较困难,可采取在池埂上放置枯枝落叶的办法,供产卵后的雌蛙暂时休眠用。一般产卵 3～4 天后,应对产卵池进行一次清理,将已产卵的雌蛙和部分雄蛙移走,否则,其在水中时间过长会出现严重死亡现象。

(四)孵 化

1. 孵化前的准备工作

(1)孵化池的修整 产卵前应补修孵化池池埂,清除池底淤泥,提前3天灌水,封闭入水口和出水口,贮水增温,为放卵孵化做好准备工作。

(2)孵化工具的准备　备足孵化筐和孵化箱,有破损的部分要及时修补。

2. **孵化条件**　蛙卵的孵化与温度和水质有密切关系。

(1)温度　包括气温和水温,直接影响蛙卵孵化。温度高,胚胎发育速度加快,孵化期短;反之胚胎发育速度慢,孵化期延长。但是,林蛙卵在孵化过程中,胚胎发育各阶段对温度的要求是不同的,从卵裂开始到囊胚期,对低温条件有很强的适应性和抵抗力,这个阶段适宜的水温为5～7℃。原肠胚阶段对温度要求应在12℃左右;神经胚之后一直到孵化结束,适宜水温为10～14℃,这两个时期是对外界温度比较敏感的阶段,在低温条件下常使胚胎死亡,因此,应当防止低温冷害,使蛙卵在适宜的条件下孵化。

(2)水质　水质主要反映水中泥沙含量的多少。泥沙可污染卵团,形成沉水卵,降低孵化率。因此,应尽量保持静水条件,以减少泥沙对卵的污染。水的酸碱度对胚胎发育和蝌蚪的生长都有一定的影响,应保持中性。

3. **孵化方法**

(1)筐孵法　将直径为80厘米、高为30厘米的孵化筐密集地放到塑料薄膜孵化池里进行孵化。每筐放10～12个卵团,水深保持在25～30厘米。当孵化到胚胎发育的尾芽期至鳃血循环期之间时,要降低密度,用细孔捞网将卵团捞出,装入水桶,按放养密度放到蝌蚪培养池中(仍要装在孵化筐里),让蛙卵在培养池里继续完成最后的孵化过程。

(2)散放孵化法　将蛙卵散放到孵化池或蝌蚪培养池里进行自然孵化。为防止卵团在孵化池中漂动或聚集一团,可用树木、枝条或草绳分割成许多方格,每平方米投放3～5个卵团。

4. **蛙卵孵化管理**　这关系到蛙卵的孵化率。

注意加强对孵化池灌水的管理。原则上应当尽量减缓孵化池水的更换速度，让水在池中贮存时间长一些，使水温升高，促进蛙卵的孵化过程。一般孵化池灌足水之后，封闭入水口和出水口；当孵化池水位下降之后，再进行补充灌水。灌入孵化池的水必须清洁，泥沙含量少，水质混浊会污染蛙卵，形成孵化率极低的沉水卵。解决的办法是，在孵化池之前修一个沉淀池，经过沉淀之后的水泥沙含量少，再灌入孵化池会减少对蛙卵的污染。当发现卵团沉入水底呈黄色，并粘连池底泥沙时，表明出现了沉水卵。沉水卵多数不能漂浮，因卵团缺氧，孵化率较低，一般只有 35％～40％。出现沉水卵时，可采取一定的补救措施，如用网捞起沉水卵，用净水冲洗干净，再放入清洁的池水中，每日翻动卵团 1～2 次，一部分沉水卵能漂浮水面，孵化率有所提高。

注意预防低温冷冻。蛙卵孵化初期，山区气候多变，常出现降雪冰冻，有时冰层达 1 厘米。漂浮水面的卵团，其表层胚胎易受冰冻而死亡，有时卵团表面胚胎被冻死两三层，损失很大。应根据天气预报，在冰冻出现之前采用草袋等物覆盖蛙卵，减轻冰冻，保护卵团。还可采取加大灌水量，提高孵化筐（箱、池）的水位，并将卵团沉入水池的方法，防止受冻。有效的办法是专人夜间看管，每隔 20～30 分钟用扫帚、操网等工具将卵团压入水下并搅碎冰层，不使卵团冻结在冰层里。采用这种方法，能有效地阻止冰冻，防止卵团遭受冻害。在高寒山区和孵化期间经常出现冰冻的地区，可在塑料大棚里建孵化池，或采用塑料薄膜及其他物品覆盖，以提高水温，保护卵团。

在孵化过程中要适当翻动孵化卵团。如果雨量适宜，空气湿润，可以基本上不用翻动卵团。但如果干旱缺雨，气温 25～28℃，空气干燥，漂浮水面的卵团表面的胶膜水分蒸发，胶膜变硬变脆，胚胎会因干燥而死亡。为避免胚胎干燥死亡，可用木板、扫帚、操网等工具将漂浮的卵团轻压入水中，使卵团浸水湿润。还可以用洒水的方法,使卵团表层湿润。

为保证蛙卵孵化有充足的氧气,有条件的情况下,可在池面安装喷水龙头,但喷水不能过急。干旱缺雨和高温时,应将漂浮的卵团轻轻压入水中,使卵团表面湿润。

在孵化过程中要经常检查孵化质量:第一,要经常检查水温情况,如果水温低,要及时采取措施升温,以保证蛙卵的正常孵化。第二,要检查蛙卵有无污染。如果卵膜晶莹透明,说明蛙卵没有污染,如果卵团变成土黄色,卵胶膜黏附一层泥沙,说明水质不清洁,蛙卵已被污染,要改进灌水技术,排除污染的水,灌入新鲜干净的水。第三,要检查有无沉水卵,尤其利用水池孵化的更要特别检查沉水卵。如发现蛙卵沉入池底,并粘连池底泥沙之上,表面黏附一层泥沙,呈土黄色证明出现沉水卵。第四,检查卵团是否在放入孵化池3天之后已浮出水面。如果卵团已浮出水面,在卵粒胶膜之间出现大量气泡,卵团由球形变成片状,证明卵团没有被泥沙污染,孵化状况良好。第五,要经常检查蛙卵孵化情况,检查蛙卵发育速度是否整齐一致。在正常情况下,同一团蛙卵发育速度基本一致,相差不多。另外,还要检查胚胎死亡情况,如同一团卵有的已经发育到尾芽期,有的则停留在神经胚阶段,说明停止发育的卵已经死亡。发现有较多的蛙卵停止发育,应及时查明原因。

第五节　林蛙的饲养管理

林蛙的饲养管理是养殖的关键环节之一。由于林蛙生长发育各阶段比较复杂,因此应根据各时期的生理特点进行科学的饲养管理。

一、变态前蝌蚪的饲养管理

变态前蝌蚪饲养管理的关键是饲料与饲喂、饲养密度、排灌管理和敌害防治四个环节,只有抓好这四个关键环节,才能丰产丰收。

(一)饲料与饲喂技术

1. **饲料种类** 蝌蚪消化器官的构造和生理特点是与植物性饲料相适应的,其可采食的饲料有植物性饲料和动物性饲料两大类。植物性饲料又可分为鲜活植物和枯朽植物。鲜活植物主要是低等植物藻类和部分高等植物幼苗,但蝌蚪对鲜活高等植物的利用能力有限,而当各种植物枯枝落叶,包括树皮经水浸泡变软之后,蝌蚪可将表皮及叶肉全部吃掉。蝌蚪的动物性食物主要是死亡动物的尸体,有时偶然也发现蝌蚪吞食少量浮游动物。因此,采集和配制蝌蚪的饲料时,要以植物性饲料为主,动物性饲料为辅,但在蝌蚪生长发育的后期,增加动物性饲料可促进蝌蚪生长发育,提高蝌蚪进入变态期的体重和变态幼蛙森林生活期的成活率。

2. **饲料的加工** 喂养蝌蚪的饲料需经过加工处理,使饲料熟化,才有利于蝌蚪采食。

(1)粗饲料的加工 主要是蒸、煮或发酵,其目的是使植物变软变烂,便于蝌蚪采食。蒸煮时把茎叶切短(长 10～20 厘米),蒸煮的程度以轻捏即碎为宜。煮烂的植物投喂前需用流水冲洗30～60 分钟,使植物碱及色素等溶于水中的物质被冲洗干净,以防止污染池水。

(2)精饲料的加工 将玉米等谷物粉制成浓稠的面糊或面饼。面糊必须浓稠,冷却后变成胶冻状,投入水中保持块状,既不易损失,又有利于蝌蚪采食。如果面糊稀薄,不能凝固,投放后易分散,沉入泥沙之中,蝌蚪无法取食,从而造成饲料浪费。为了保证各种营养物质齐全,也可配制混合饲料,推荐配方为:玉米面 50%,豆饼 20%,麦麸 7%,鲜植物茎叶 20%,骨粉 3%。各种饲料按比例配好后在笼屉内蒸成窝头或制成烤糕投喂。

(3)动物性饲料的加工 动物性饲料必须煮烂切碎,蝌蚪才容易取食,但有些肌肉(如鱼肉等)较松软,亦可不煮,直接投喂。

3. 投饲技术　投饲的数量和质量以及投饲的方法,对蝌蚪的生长发育均有重要影响,因此,必须采用科学的饲喂技术。

(1)投饲量　依蝌蚪不同生长发育期的食量而定,按利用率为50%计算,一般每万只蝌蚪每日的投饲量为:5日龄前 0.2~0.5千克;5~10日龄 0.5~1.7千克;10~15日龄 1.7~2.5千克;15~25日龄 2.5千克;25~35日龄 2.5~3.5千克。实际喂养时要根据具体情况适当增减,新修的饲养池,水藻类等天然饲料少,可适当增加投饲量;由沙石组成的饲养池,水藻类也少,亦可增加投饲量;饲养池土质肥沃,水中藻类等天然饲料丰富,可适当减少投饲量。另外,还要考虑蝌蚪的密度,每平方米超过 3 000 只蝌蚪,要适当增加投饲量;1 000只以下时,可减少投饲量。

饲养过程中要细心观察蝌蚪的摄食情况,正确判断投饲量是否充足,如果投饲后大部分蝌蚪很快集中到饲料上取食,证明蝌蚪处于饥饿状态,投饲不足,要适当增加投饲量;如果投饲后只有一部分蝌蚪聚集在饲料上取食,其余一半以上不立即取食,说明饲料供应充足,可继续按现量投饲,或适当减少投饲量。此外,还可以通过饲料剩余情况及池底水藻生长情况来判断,如果剩余饲料只有茎秆、叶柄,或池底水藻被吃光,露出沙粒、岩石本色,都说明饲料供应不足。一般以投饲2小时后吃完或稍有剩余为宜。

(2)投饲方法　分为堆状投饲法和分散投饲法2种,精饲料适于堆状投饲,粗饲料适于分散投饲。堆状投饲时,水池边缘投放的要多些,中央投放的要少些,且要避开入水口和出水口,防止饲料被水流冲散混入泥土中。蝌蚪取食剩下的残料,一般情况下不用捞出来,只有在残料较多污染水质的情况下,才需将残饲捞出处理。但由于小蝌蚪只能啃食茎叶的柔软部分,因此,需将剩余饲料捞出,重新投放。

(二)放养密度　关系到蝌蚪的生长发育和成活率,是影响蝌蚪产量的主要因素之一。因此,必须合理确定放养密度。15日龄前的蝌蚪较小,密度可大一些,一般为 2 000～3 000 只/米²,超过 3 000 只/米²,就呈现过密状态,出现水质污染、溶解氧不足及争食等矛盾。15～25 日龄,蝌蚪摄食旺盛,生长速度快,耗氧量大,密度应小一些,1 000 只/米² 左右以为宜,如果水面充足,可保持 1 500～2 000 只/米²。25 日龄到变态期,要实行低密度养殖,保持 500～1 000 只/米² 为宜。以上指标仅供参考,在生产实践中还应结合水质、水温、水中溶解氧和饲料条件等综合考虑,合理确定放养密度。

(三)排灌技术　水是蝌蚪生存的必要条件,蝌蚪取食、活动和新陈代谢都在水中完成。人工养殖蝌蚪,由于数量多、密度大,蝌蚪本身的代谢产物和食物使池水很快污染,水中溶氧量下降,因此,必须不断地排出污水,灌入净水,才能使蝌蚪正常生长发育。排灌方法有 2 种。

1. 单排单灌法　每个池子由灌水口直接从支渠灌入净水,由排水口直接将污水排到排水渠(图 1-4)。此法的优点是每个池子灌入的水均是新鲜的、纯净的,换水速度快,水中溶氧量高,水质不受其他池中蝌蚪排泄物的污染,适于在蝌蚪生长的中后期使用。

2. 串灌法　将数个池子连在一起灌水,甲池由支渠灌入水,经由乙池、丙池,再排出池外(图 1-5)。此法的优点是保温性强,在蝌蚪幼小阶段,密度不大的情况下,运用此法可有助于提高水温,促进蝌蚪生长;缺点是可导致下游的池水受上游池水的污染,水中溶氧量低,对蝌蚪生长不利。因此,串灌时池子不能过多,一般以 3 个池子串联为限。

无论采用何种排灌方法,在排灌过程中都要经常检查池内水质状况。如果池水干净透明,池里蝌蚪活动及池底泥沙清晰可见,说明水质良好;如果池水混浊,透明度低,看不清蝌蚪和池底泥沙,说明水质不良,应及时排灌。

正确判断水中溶氧量也是排灌技术的关键。在晴朗的白天,

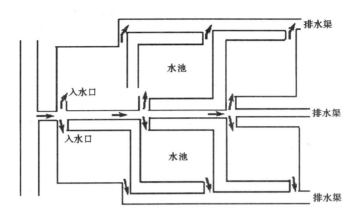

图 1-4 单排单灌法

蝌蚪安静地在水底取食,或在水下游动,或在水池边缘浅水处聚集嬉戏,表明水中溶氧量充足,蝌蚪生活正常;如果蝌蚪在水上层游动,有一部分蝌蚪时而穿出水面吞食空气,时而沉入水下,表示水中溶氧量不足,灌入新水即可恢复正常;如果大批蝌蚪漂浮在水面上,身体直立,口部突出水面,长时间吞空气,并且由于蝌蚪反复吞吐空气,水面上留下一层气泡,表明池水严重缺氧,威胁蝌蚪生命安全,时间稍长就会大批死亡,必须立即大量注入新水,排出废水,如果此时排灌有困难,应立即把蝌蚪捞出,移入别的池里饲养。

水温对蝌蚪生长发育影响较大,通过调节排灌量也可调节水温。低温时白天减少贮水量,夜间增加贮水量,使水深达 30 厘米左右,保护蝌蚪免受冻害;高温时加大排灌量和提高水位,以达到降低温度的目的。

蝌蚪生长期间池水不能干涸,要经常清理安全坑内的淤泥,以便断水时,蝌蚪能进入安全坑避难。在山洪暴发之季,要在引水渠上游修筑堤坝和闸门,饲养人员必须坚守岗位,防止洪水从引渠涌

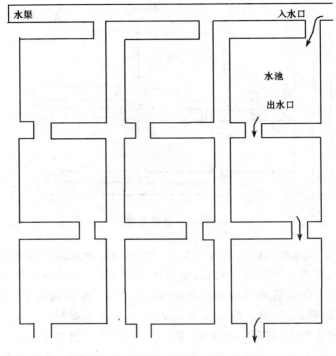

图 1-5 串 灌 法

入饲养池冲走蝌蚪。为防止蝌蚪顺水口流失,在入水口和出水口都要安装拦网。

(四)敌害防治 蝌蚪期的敌害较多,各种水禽、乌鸦、喜鹊以及鼠类,都能大量捕食蝌蚪,因此,应昼夜有人值班,驱赶和消灭敌害。

(五)蝌蚪期的管理 此期的管理是人工饲养林蛙的重要阶段。

1. 防止池内缺氧 在饲养池中,有较多蝌蚪的头露出水面时,说明池中的水缺氧,蝌蚪在池中呼吸比较困难,所以头才露出水面吸取氧气。当蝌蚪与水面垂直时,头露出水面越多,则吸收的氧气也就越多。这两种情况出现时要引起重视,应及时向池内注入新水,排除池内废水,减少池内缺氧和多氧的现象。

2. 防止池内水温过高　当池内水温超过 24℃时,会出现氧气的增加,蝌蚪吸氧过多,皮肤柔软,会出现气泡病。解决办法是及时注入新水,降低水温至 24℃以下。蝌蚪在水底层生活,和鱼一样都是变温动物,因此水温的高低会直接影响蝌蚪的生长。如果水温超过 28℃,那么蝌蚪就会大量死亡,所以要求每天都要保持适宜水温。

3. 注意水质　水质好坏对蝌蚪生长有直接影响。水质冷凉,有污染,含矿物质多等对蝌蚪生长都十分不利,会阻碍胚胎发育和各器官的形成。蝌蚪的排泄物和其他杂质也会使水变质变色,发现这种情况要立即排出废水,注入新水。同时每隔 5 天注入 1 次新水,用漂白粉消毒池水,使池水中漂白粉浓度为 0.3 毫克/升。池水的酸碱度对蝌蚪的影响很大,以中性偏酸为好。实践证明,池水呈碱性和含有沼气等有毒气体,都会致蝌蚪于死地。

4. 合理投喂　蝌蚪生长的快慢在很大程度上取决于饲料。如果饲料充足,精心喂饲,蝌蚪可提前 20 天变态,否则会延后 20天变态。在投喂时要注意天气,天气晴朗、阳光充足、水温在 24℃以下,是蝌蚪摄食量最大的时期,投放的饲料要多一些,也要根据蝌蚪的数量和摄食的情况而定。阴雨天气一般不投放饲料,因为气压低,氧气少,蝌蚪不爱活动,也很少摄食。

二、变态期蝌蚪的饲养管理

蝌蚪进入变态期,要从培育池移入变态池,完成变态成幼蛙,直接进入森林。

(一)转移时间　在气候正常条件下,6 月 15 日前后,少数蝌蚪进入变态期,6 月 20 日前后大批蝌蚪进入变态期。在蝌蚪生长发育比较整齐的情况下,大约有半数的蝌蚪进入腹部收缩期时,即可将蝌蚪送往变态池;如果不同时期的卵团一起孵化,蝌蚪生长发育不整齐时,有 20%～30% 的蝌蚪进入腹部收缩期时就应开始转移。

(二)转移方法　先选定蝌蚪已进入变态期的水池,封闭入水口,清除池底残食及石块,取下排水口拦网换上较大的纱网,并降低排水口的高度,使池水排出 2/3 左右。用捞网在水中层捞取蝌蚪,且一边排水一边捞取,注意不要把水排干,以免伤及蝌蚪。如果蝌蚪匍匐池底不活动,可搅动水层,使蝌蚪浮起后再捞取,但不要紧贴池底捞取,以防止蝌蚪被擦伤。

捞出的蝌蚪必须立即放入水桶,桶内盛装 7 千克清水,再装入 3～5 千克蝌蚪。要快捞快运,蝌蚪在水桶内停留时间最多不超过 30～40 分钟。捞取过程中,要注意清除害虫。

(三)放养密度　变态期蝌蚪的放养密度可比变态前期大。流水变态池按森林面积计算,每公顷森林可投放蝌蚪 20～25 千克,折合成蝌蚪数为 40 000～50 000 只,相当于 4 000～5 000 只/米^2。塑料薄膜变态池每平方米水面可投放蝌蚪 0.5～1.5 千克,相当于 1 000～3 000 只/米^2。

变态高峰出现在开始变态的 4～5 天,80% 以上的蝌蚪在 1 天之内变态登陆上岸,蝌蚪发育不整齐或水温低时,变态过程延长 10 天以上。在投放第一批蝌蚪之后,经过 1～2 天有 1/3～1/2 的蝌蚪完成变态,离开变态池,因此,可继续补充一部分蝌蚪。

(四)饲养管理　变态期是林蛙繁殖工作的最后一个环节,因此,也要加强饲养管理。当蝌蚪生长到 30 天以后进入变态期,由于蝌蚪生长发育不整齐,不能同时进入变态期,因此,在变态期间要继续投喂食物,以保证未变态蝌蚪的营养需要。在变态末期,蝌蚪数量少,依靠池内水藻类即能维持营养需要,因此,不必进行人工投饲。同蝌蚪期一样,此期也要做好天敌的防治工作。变态期蝌蚪首先长出 1 对后肢,然后陆续长出 1 对前肢。鳃开始萎缩,逐渐用肺呼吸,尾巴逐渐缩短消失。要保证变态池水的供应,绝不可断水。流水变态池排灌方法与蝌蚪期相同,只是注意提高水温。

蝌蚪变态的适宜水温是 20～25℃,低于 15℃,不出前肢或延缓出前肢;高于 28℃,出现死亡。塑料薄膜变态池原则上每日换 1 次水,每次换水量是原来水量的 1/3～1/2,用勺、盆等工具将池水盛出,用纱网滤出蝌蚪放回池内。注意将池底沉淀物、蝌蚪粪便等淘出,重新灌入新水。在变态期,既要防止干旱断水,又要防洪。变态池要根据历年山洪水位情况,修建在安全地带。

在变态池边上放些树叶,供幼蛙栖息。蝌蚪经过约 50 天后变成幼蛙,由水里转到陆地生活。60 天以后,幼蛙全部上山,开始森林中生活。

三、放养管理

(一)变态幼蛙的放养　刚变态的幼蛙,潜伏在变态池附近树丛中的枯枝落叶下面,其栖息环境中空气相对湿度必须在 60％以上,一般在 80％～90％。因此,管理上必须注意防止干旱,在幼蛙密集处,加遮蔽物,如树枝、蒿草等,或喷水,以造成低温、湿润的生活环境。变态幼蛙刚登陆时基本不吃食物,当尾部完全消失后才开始摄取食物,大批开始摄食的时间出现在尾部消失后 22～26 小时。

变态幼蛙的食物组成主要是地面枯枝落叶层表面活动的昆虫。如果土壤表层昆虫数量少,变态幼蛙密度大,运动能力弱,就会出现食物缺乏,导致因饥饿而死亡。因此,应采取翻动枯枝落叶层,破坏昆虫的栖息环境,喷水增加土壤湿度和补充肥沃土壤等办法来增加枯枝落叶层表面昆虫的数量,保证幼蛙的食物供应。

(二)1 龄幼蛙的放养　1 龄幼蛙是指 1 周岁的幼蛙。对其可以集中越冬,春季集中放养,以提高回捕率和产量。1 龄幼蛙在放养场生活 2 年后,基本能发育成商品蛙,可进行人工捕捞。放养方法可分为春眠前放养法和春眠后放养法。

1. **春眠前放养法**　即让幼蛙在放养场里进行春眠。当放养场温度条件较好时,如积雪融化、土层解冻,最好实行春眠前放养,可省去保管幼蛙春眠的麻烦。将出库的幼蛙放在水中冲洗干净，沥水后装入麻袋中称重，并抽样计算相应只数。在生长发育正常条件下，每只重3克，每千克有幼蛙300～320只。饲养条件好，蝌蚪体大健壮，变态早，幼蛙食物丰富，气候条件好，幼蛙的体重可达3.35～4克，每千克250～280只。

幼蛙的放养时间，在吉林省是从4月中旬至4月末，白天气温在7～10℃。放养密度视放养场条件而定，一般每1000米²放养2～6千克(500～2 000只)。

2. 春眠后放养法　即幼蛙在繁殖场度过春眠后再送入放养场。当春季气候条件不适宜，如寒潮低温等，可实行春眠后放养。

这种方法的关键是加强春眠管理，使幼蛙安全度过春眠期。具体方法为：挖深30厘米春眠坑，长、宽视幼蛙数量而定，先铺垫5厘米厚松软的山皮土，再加20厘米厚的枯树叶，四周用塑料薄膜围墙围起。将幼蛙放入坑中，其便自动钻进枯叶之中。春眠期间要经常往树叶上洒水，以保持湿润的环境。当温度升到10℃以上时，幼蛙就会自动解除春眠，应及时取出送往放养场。

(三)成蛙的放养　种蛙繁殖后应及时从产卵池取出，送往放养场进行生殖休眠。为防止体弱雌蛙钻不进土层，可人为埋藏。雄蛙的休眠场要远离繁殖场，防止个别雄蛙重返繁殖场。

成蛙的放养密度为每1000米²放养500～1000只，最多不超过2000只。林蛙在陆地上的生活时间较长，大体从5月至9月上旬，约5个月的时间，所以在放养林蛙上山之前要做好充分准备。一是围栏的准备，必须检查围栏是否有被风刮坏的地方，塑料薄膜有没有破洞；二是放养量和场地面积必须协调，即养殖林蛙的多少，养殖场面积的大小，昆虫量的多少，都要实际测试调查，考虑周到，一般每1000米²林地可养殖林蛙1000只左右；三是场区内用0.7毫克/升漂白粉溶液消毒。

1. 森林期生活管理　每年5月初，结束生殖休眠的林蛙都陆续进入林中生活。变态后的幼蛙在 6 月上旬也都陆续上岸,但它生命力很弱,怕日晒,这时应在岸边放些树枝叶和干草作隐蔽物,供幼蛙栖息。幼蛙入山后,经常活动在阴坡的中下部。一般不到山顶活动,因为山顶风大又缺少昆虫,多数栖息在湿润凉爽的草丛间或树叶下,于早晚活动,阴雨雾天十分活跃。林蛙可吃掉大量的害虫,每只成蛙一年可捕食昆虫 3 万只。为使林蛙每日都能吃饱,可采取科学简便的方法吸引大量的昆虫,供林蛙食用。

方法一:在场外割一些青蒿子、青棵子,在场内堆放十几堆,招引昆虫产卵繁虫,供林蛙食用。

方法二:在场内可堆放几堆猪粪和腐烂的秸秆,经发酵后,繁殖昆虫,供林蛙食用。

方法三:夜晚用黑光灯诱引昆虫。在场内干燥平坦地方立杆拉线,离地面 2 米处安装黑光灯,招引趋光性昆虫,1 盏灯 1 晚上招引的昆虫能供 500 只林蛙食用。

方法四:补充投饲人工繁育的昆虫,能更有效地使林蛙生长快,人工繁育的黄粉虫、蚯蚓、蝇蛆等,能满足林蛙生长对动物性蛋白质营养的需要。

2. 天敌的防治　林蛙的天敌很多,在蝌蚪期有水鸟类和池里的虫类、杂鱼,在山林中有一些鸟、鼠、蛇类,所以必须做好防除林蛙天敌的工作。在孵化池放水前可撒生石灰进行池底消毒,也可以用 0.2～0.5 毫克/千克晶体敌百虫全池泼洒。在林蛙上山前,要在场内大面积地消除天敌。同时每日都要沿围栏巡视一遍,堵漏洞、投鼠药、捕蛇等。

(1)防治鼠害　老鼠一般在夜间出来活动,不仅吃林蛙,而且还咬坏围栏的塑料薄膜造成林蛙外逃。防治的方法有用鼠药灭鼠,也可用电猫捕杀。

(2)防治蛇害　蛇是林蛙的主要天敌,一条蛇每年约吃掉 200 只蛙。消灭蛇害首先要掌握蛇的生活规律。一般在雨过天晴时,蛇就会出来晒鳞,中午气温较高会到水边喝水,每逢此时蛇都不爱活动,可看准有利时机捕捉。在场内林中捕蛇,也可用塑料薄膜掊盖法捕之。

(3)防治鸟害 以肉食为主的鸟类对林蛙危害也很大。防治办法是在场内竖几个稻草人,吓走飞鸟,也可用网捕捉飞鸟。

四、圈养林蛙的饲养管理

(一)蝌蚪期的饲养 同人工半散放养殖。

(二)林蛙变态期的饲养管理 如果产卵池、孵化池、饲养池和变态池设在大棚内,当蝌蚪生长到25～29天时,即蝌蚪头至尾长4.3～5.0厘米,体长1.2～1.5厘米,体呈扁圆形,直径0.9～1.0厘米,尾长3.2～3.5厘米,后腿发育基本完整,长1～1.5厘米,前腿处生出2个小突起,即前腿生长前期,开始向变态期过渡。蝌蚪进入变态期,特征是体侧前肢处出现突起,腹部收缩变瘦,体形变小并停止进食。这时如果饲养圈内设有贮水坑,面积在 2 米^2 以上,可将变态期的蝌蚪直接捞放到贮水坑中,数量在 1 万只左右,让其在贮水坑(变态池)中自然变态成幼蛙,进入圈内饲养。运输变态期的蝌蚪可用水桶、塑料桶等,一般每桶可装 2.5 千克蝌蚪(每1000 只蝌蚪大约重 500 克),加水 10 千克,在 2 小时内运到。如果饲养圈内没有贮水坑,那只能让其在大棚内的变态池变态,变态期的水温应保持在 15～24℃之间。变态后及时捕捉到饲养圈内饲养。捕捉时最好用手操网而不直接用手,以免造成幼蛙损伤。

在天然池塘进行人工孵化、饲养的蝌蚪,进入变态期即要控制进水口,减少流量,如遇干旱或高温天气要调整进水,增加流量,降低水温,要经常检查池子水位,及时清理沉积废物,保证池里不断水,不停水,不臭水,不干涸,严防污水、农药等污染水质,水的 pH 值以 6.5～7.0 为宜,一般每5～7 天,将池内水全部排换 1 次。方法是先放出水,后放进水,当原有池水排清后,进新水。

（三）幼、成蛙的饲养管理　林蛙在饲养圈里的生长时间较长，大约从4月末至9月上旬（自然生长）4个月左右时间，是饲养管理的重要时期。应根据林蛙的生长发育规律，创造适宜的生态环境，这对提高林蛙的产量、质量是十分重要的。

1. **成、幼蛙入圈**　人工养殖的蝌蚪变态后进入林蛙圈，开始陆地生活，这时开始投喂人工饵料，成蛙入圈主要是对产卵后的种蛙和部分发育不成熟的2年生小蛙。时间一般在4月中下旬。将排完卵进入生殖休眠的雌雄种蛙捉住，用水桶等运到饲养圈内。发育不成熟的2年生小蛙要与种蛙分开饲养。圈内放枯枝落叶、农作物秸秆等杂物，供林蛙栖息藏身。每圈放种蛙或小蛙5 000只左右。此时应注意防寒、防敌害。

幼蛙入圈主要是指当年蝌蚪变态成的幼蛙。人工养殖的蝌蚪一般变态期为6月上旬，自然养殖的蝌蚪一般变态期为6月下旬至7月初。此时人工植被或野生蒿草已覆盖地表面，为林蛙生长发育提供了良好的自然条件，这时圈内可少放些杂物，或将枯枝落叶集中堆成4～5堆，供幼蛙栖息或招引一些野生昆虫。

2. **创造适宜的栖息环境**　野生林蛙主要栖息在阔叶林或针阔混交林中，纯针叶林中数量极少。因此，人工养殖林蛙要最大限度地模拟野生环境，创造适宜林蛙生存的环境条件。这要求摸清林蛙的陆地栖息活动规律。在正常气候条件下，成蛙一天内有两个活动期和两个静止期，第一个活动期是早晨4～7时，第二个活动期是16～20时。成蛙在活动时间内主要是捕食活动，当摄取足够食物后，基本停止活动。第一个静止期是从7～16时，时间为9个小时；第二个静止期是20时至翌日4时，时间为8个小时。成蛙一日内活动时间约为7小时，静止时间约为17小时。幼蛙活动时间较长，从4～20时都处于活动状态，但其中有两个高峰期，即5～8时和16～18时，高峰期幼蛙大多数都出来活动。幼蛙在活动期除捕食外，还具有运动作用。静止期为20时至翌日4时，时间为8小时。在雨天或阴天,林蛙白天至夜间 22 时以前均出来活动。

3. **林蛙的饲喂** 林蛙的食物来源主要靠人工饲喂,以捕食自然界昆虫为辅助饲料。林蛙的饲料昆虫种类很多,以黄粉虫最为理想。4 月中下旬,成蛙在圈内经过生殖休眠后开始进入采食期。6 月中旬,变态后的幼蛙也相继入圈,开始了陆地生活。这时开始投饲人工饲料。以黄粉虫为例,喂饲时间根据天气情况而定,阴雨天气可不喂,因黄粉虫怕水,在水中 2 分钟内即可死亡。喂饲的头一个月每日一次,除捕食天然昆虫外,人为投饵料数量根据林蛙食量而定。成蛙每日每只喂 5~6 龄虫 2~3 只,幼蛙每日每只喂 2~3 龄虫 2~3 只,到 7~9 月份每日要喂 2 次,每日每只喂虫量相应增加 2~3 只。

人工养殖条件下,林蛙圈内生活,幼蛙需要 3 个月,前 1 个半月每日喂食 2~3 龄虫 2~3 只,可采食 100~150 只,重量约为 2 克;后 1 个半月每天喂食 4~5 龄虫 3~4 只,可采食 150 只左右,重量为 5~6 克。成蛙每年需喂食 4 个月时间,每天喂食 5~6 龄虫 3~4 只,每年需喂食 420 只,重量约为 42 克。

为了使人工养蛙能获得更广泛的食物来源,还可以采用灯光诱虫等作为辅助措施。诱虫可采用特制的 400 瓦高压汞灯或白炽灯,采用防水灯头并设灯罩,将灯安装在一个固定的木杆上,距地面 2 米,灯间距 100 米左右,用以引诱远距离昆虫。在饲养场内安装多个黑光灯,最好是每圈安装 1 盏,黑光灯距地面 50 厘米,使被引诱来的昆虫落入地面,供林蛙食用。诱虫灯可在 6 月下旬开始启用,每天晚上 8 时开灯,翌日早 4 时闭灯,也可根据需要灵活掌握开闭灯时间。一般下雨天可不开灯。

发现围墙塑料薄膜有破损时要及时修补。经常将围墙内外的杂草割掉,避免林蛙沿着杂草爬出墙外,同时也防止墙外的蛇、鼠等天敌爬入圈内,残害林蛙。

4. **林蛙出圈管理** 9 月末 10 月初,气温下降到 15℃以下时,林蛙很少采食,此时要及时转入越冬池或越冬地窖,抓紧时间使林蛙冬眠。

5. 林蛙的捕捉　在林蛙圈内四周挖几个深 0.4～0.5 米的坑,坑壁与地面呈 90°的角,在雨天时,林蛙跳入坑内无法逃出,即可捕捉林蛙。或者在气温较低的早晨,捕捉者在圈内"一"字形排开,用手捕捉藏在草丛内的林蛙,然后放入桶内。

五、冬眠管理

林蛙的冬眠管理是林蛙安全越冬的保证。半人工养殖林蛙,有两种方法越冬:一是越冬池越冬,二是越冬窖越冬。这两种方法都比较安全。人工精养林蛙越冬方法除以上两种方法外,还有笼装水库越冬、室内冬眠池越冬。

(一)越冬池越冬　越冬池必须选择在养殖场河流下游建造,便于林蛙顺利回归。建造的地点应背风向阳,不受寒风的侵袭,结冻的冰层在 0.33 米左右,水下有充足的光照,利于水中生物发生光合作用,使水中的氧气不断增加。同时在越冬池入水口处修好防洪设施。越冬池管理要点如下。

1. 避免震动　越冬池水面结冰后,林蛙不食不动进入冬眠。冰层上不得有任何震动,如有震动,将影响林蛙冬眠,使冬眠林蛙活动,进而需要大量氧气,但此时由于氧气不足,会造成林蛙瘦弱,严重者会窒息。

2. 及时清除积雪　冬天下雪以后,越冬池冰面上的积雪要及时清除,以保证有足够的阳光照进池内,从而利于水中生物发生光合作用,使池内的林蛙有充足的氧气,保证林蛙的健康生存。

3. 确保水质洁净　林蛙在越冬池里处于静止状态,要注意保持池内的水质洁净。如果发现池水变绿变黑时,要及时注入新水,排出污水,保持池中水质洁净。

4. 无需打冰眼　林蛙和鱼不同,鱼在水中需大量氧气,还要吃食物；而林蛙不食也不动，主要靠湿润的皮肤来辅助呼吸，需氧气并不多，因此越冬池不用打冰眼。越冬池要设围栏，防止林蛙外逃，11月末以后可将围栏撤掉。

（二）越冬窖越冬　越冬窖建在养殖场或院落均可。窖型为长4米，宽5米，高2米左右。窖盖用木头搭好，上面盖0.5米厚土，留出气眼和出入口。在地面按窖的范围搭起塑料棚。每窖可供幼蛙10万只或成蛙4万只越冬。

在林蛙回归期，将蛙集中起来，放在编织袋里。窖内地面铺一层5厘米厚的阔叶树叶，上面喷水，使树叶湿润。这时将蛙从编织袋里放入窖内，很快就都钻进树叶中不动了。将经过浅水贮存后的种、幼蛙，于11月中下旬放入越冬窖内越冬，窖内经常喷水，保持空气相对湿度在80%～90%，2天后林蛙基本钻入石头或枯枝落叶下，部分林蛙在窖壁底部四周打洞，并钻入土洞中冬眠，窖内温度最好保持2～6℃。采用地窖越冬林蛙成活率达到85%以上。

（三）笼装水库越冬　将种蛙或幼蛙装在用铁线焊制成的笼子里，铁笼规格为70厘米×60厘米×50厘米，笼四周用铁网或纱网圈成，每笼可装种蛙500～700只，幼蛙1000～1200只，雌、雄蛙可混装，放入水深1.5米左右处，并将笼子固定。此法越冬必须先经过浅水贮存，即在林蛙冬眠前，暂将其放于浅水池中贮存，池内要流水不断。并在笼内放些杂物供林蛙栖息，池四周要设围栏。进入11月中旬，当气温降到3℃时，可将林蛙装笼后冬眠。此法经吉林王忠信试验，成活率达到90%以上。

（四）室内冬眠池越冬　将种蛙或幼蛙于10月中下旬分别放入室内水泥冬眠池内，灌水1米深，上面用窗纱封上，以防林蛙外逃。

（五）越冬期的管理　林蛙在越冬池或水库越冬的管理主要是调整水位，防止严冬断水，越冬期水位必须保证冰层下有1米深水层，最低不得少于80厘米，水要处于流动状态。在越冬期还要防治水耗子等天敌危害。

　　林蛙在越冬窖越冬主要是控制好温度、湿度、通风及防治鼠害。在窖内设置温度计和湿度计,要经常检查,发现死蛙,要立即清除,并查找原因,采取措施。林蛙室内越冬也要经常检查温度,及时调节,温度要求为 0～15℃,空气相对湿度在 90% 以上。温度和湿度都可以用开关气眼来调节。这样管理直至翌年 3 月末。

　　林蛙窖越冬的关键是防鼠,在林蛙入窖前就下鼠药捕杀,然后在塑料棚周围装捕鼠器和电猫。同时窖内要保持温度在 0～15℃,空气相对湿度在 90% 以上。

　　经过冬眠后,林蛙开始出蛰,清明前后取出,幼蛙放进养殖场,继续饲养,成蛙放进产卵池,开始一年新的生活。

六、林蛙性别诱变技术

　　林蛙的定性养殖是提高经济效益的重要措施。林蛙的染色体中没有性染色体的分化,性别的形成依赖胚胎发育条件,胚胎发育到一定时期后,生殖质逐渐迁移至生殖脊处,形成周边为皮质、中间为髓质的生殖原基。当皮质的诱导能力大于髓质时,生殖原基向卵黄方向发育,成为雌性,反之为雄性。影响生殖原基皮质和髓质诱导能力的因素很多,主要有体内的激素水平及水温、化学离子浓度等环境因素。蛙类的性别分化出现在蝌蚪的尾芽形成到幼蛙后肢出现的期间内,因此受精卵孵化到尾芽期可通过药物加以诱变。运用林蛙在卵团孵化期和蝌蚪期可以进行雌性诱变的原理,采用不同的化学试剂,选择适当时机和科学配方,对卵团和蝌蚪进行处理。具体方法是:将雌二醇用酒精溶解,再用清水稀释 2 000 倍,用喷雾器向孵化池内均匀喷洒,使卵团在药液浓度 30 微克/升池水中浸泡。每次投药前先将池水放掉一半再投药。蝌蚪开食后可在饲料中拌入 0.02% 雌性诱变剂,投放于池子边缘,注意投喂量不宜过多,以当天不剩或稍有剩余为宜。

第六节 林蛙的捕捞

林蛙的寿命一般为 7~8 年,野生和人工半散放养殖的林蛙生长 3 年后即可捕捞,正常的环境条件或饲养条件下,2 龄林蛙可以达到体成熟和性成熟,作为种用或剥油用的最佳年龄为 3~4 龄,尤其是 3 龄林蛙,其正处于生殖功能旺盛期,输卵管的结构与功能处在最佳状态,产卵或剥油的数量与质量均为最好。圈养的林蛙2 年即可回收。

一、捕捞时间

秋冬两季都可进行捕捞。秋季捕捞以林蛙集中入河的时期为好,集中入河期一般只有几个晚上,应根据日期、气象、物候三方面进行判断和预测。

从时间上看,在吉林省林蛙首次入河时间出现在 9 月中旬到下旬。从气象条件上看,降雨是林蛙下山入河的首要条件,特别是中雨对林蛙入河最为有利。在降雨的同时气温和水温在 10℃左右,并且无大风,林蛙才能大批集中入河。观察物候特征也能判断林蛙下山入河的时间。例如,鞘翅目昆虫瓢虫秋季大量出现可作为林蛙下山入河的物候根据。

冬季捕捞期为 12 月至翌年 2 月,约 3 个月时间。

1. 种用林蛙的捕捉时间 不同地区有所不同,通常是在 2~3 月捕捉,这个时间林蛙临近出蛰或刚出蛰,捕捉后适应一段时间即可进行交配繁殖,而且,此时的林蛙代谢水平低,活动性差,易于运输,应激反应小。

2. 剥油用林蛙的捕捉时间 一般在 9 月下旬到第二年 3 月期间,为捕捉的最佳时间。以 9~10 月,即秋分后的霜降期间剥油最好。因为林蛙为越冬要进行体能储备,临近或已冬眠的林蛙体内储存了大量的营养物质,肉肥油多,此时所剥的油,数量和质量都最佳。而经过一段时间的冬眠捕捉或早春捕捉,因其冬眠期间要消耗体内储存的营养物质,此时的油数量少,质量差,药效不佳。

二、捕捞方法

要因地制宜地根据河流的自然条件,修建必要的捕捞设施,如小型水库和塑料薄膜墙等。选择合适的捕捞方法和工具,在最佳时机进行捕捞,才能取得应有的经济效益。下面介绍几种常用的捕捞工具和捕捞方法。

(一)鱼坞子捕捞法　鱼坞子用枝条编织而成,其规格为:口部呈喇叭状,直径 25～40 厘米;颈部细,直径为 15～20 厘米;腹部呈椭圆形,直径为 45～60 厘米;枝条间的空隙在 0.5 厘米以下,空隙超过 1 厘米,体躯较小的雄蛙可从空隙中钻出逃走,但又不能过于密集,否则透水性不好,水从坞子里反冲出来,蛙亦随水从坞子里反弹出来逃走,影响捕捞效果。坞子捕捞的原理,是利用河水的落差,使蛙随落差跌入坞子,受水流冲击而逃不出来。因此,使用坞子捕蛙,河床必须有一定的梯度,水流湍急,经人工修整成倒“八”字形的坝,水口形成一定的落差,其高度一般为 30 厘米以上,将坞子放在水口处,林蛙即可随水流入坞。

(二)塑料薄膜墙捕捉法　在林蛙下山入河的必经之路上,沿河流修建塑料薄膜墙,高 30 厘米左右。在墙内面向放养场的一侧,沿墙边修整一条宽 50～100 厘米的捕蛙道。夜间林蛙下山入河时遇到塑料墙的阻拦,便停留在塑料墙下面,用手电筒沿墙根照射,林蛙遇到光照刺激,便立即不动,伸手即可捕捉。

(三)网捕法　将普通的小鱼网用麻绳织成瓢葫芦形,捕捞方法如同鱼坞子法。一般是两人合作,一人操持网具,将网安放在河中,另一人用耙子或镐等工具翻动石块等隐蔽物,把蛙翻动出来,蛙顺水进入网中,将网提起,捡出网中的林蛙。

（四）掏窝法　栖居在沙质河底的林蛙，埋伏在泥沙中，形成圆形小窝，其中央凸出，周围凹陷。根据这一特征，用手从小窝中即可挖出林蛙。

（五）拦河截流捕捉法　选择具有支流的小河，在分支处筑坝截断河水，使水只从一条支流通过，其他支流干涸无水，便可翻动石头捕捉林蛙。

（六）草把诱捕法　将树枝、蒿草等材料扎成草把，放入河底，诱引林蛙进去冬眠，过一段时间，就可取出捕捉其中的林蛙。

（七）凿洞法　冬季凿开林蛙冬眠的洞穴，往往能捕捉到大量林蛙。

（八）穿冰窟窿法　将冰面打开，凿出冰窟窿，然后在冰窟窿处下网打捞冬眠的林蛙。

（九）水库捕捉法　10月中旬，当林蛙进入山区小型水库冬眠时，放出水库中水，只留少量水，用挂网、撮网等工具进行捕捉，也可先在水库周围设立塑料围墙，再将水库排干，用手直接捕捉。

（十）翻石法　石块是林蛙天然隐蔽场所，在石块构成的河床里，林蛙主要潜伏在石块下面休眠，有时在石块下面可潜伏十几只至数百只之多。在石块密集、水流湍急的河段，先摸一下石块四周空隙，然后将手沿空隙插入石块下面摸到林蛙将其捉住。翻石法可与网捕法结合捕捉效果更好。

第七节　林蛙的加工与贮藏

一、剥油与加工

剥油方法有干剥和鲜剥2种。

（一）干剥与加工　干剥手续繁杂，所需时间较长，剥出的油碎块较多，杂质含量高，而且取油后的蛙肉往往不能食用。具体操作方法如下：

　　将捕到的林蛙（雌体）装入麻袋，握住袋口，放入 80℃ 左右的热水中摆动几次，待其全部死亡后，取出晾干，干透后剥油。也可将捕到的雌体林蛙在清水内洗干净，用绳子或铁丝穿过上、下颌，每 20～30 只为一串，放于通风、阴凉、干燥处，让其自然死亡并风干（约需 2 周），注意不可物理性致死，否则会造成淤血，影响油的质量。在此期间，要防潮、防冻、防雨淋。风干后的林蛙呈干瘪状，可用于剥油。

　　剥油时，可将风干的林蛙于中间折断露出油块，以手适当用力将其采出。如不易折断，可将风干的林蛙放入 60～70℃ 的热水中浸泡 5～10 分钟，趁热放入用热水浸透的麻袋内，用布帘、草帘等捂盖严密，闷捂 12 小时左右，使皮肤、肌肉等吸水变软，用刀于其腹中线切开，取出两侧输卵管，去掉输卵管上粘连的卵细胞（黑色粒状）和内脏，即为林蛙油。

　　将去净杂质的林蛙油于通风、干燥处单层平放在竹席上阴干。如遇潮湿天气，可将剥取的林蛙油放冰箱内保存，待天晴时取出风干。

　　干剥加工干燥后的林蛙油，油块是由一根输卵管相互折叠挤压在一起而形成的团块，正面圆滑，呈卵圆形突起，可看出相互折叠的纹理，背面呈凹形，长 1.5～2 厘米，厚 1.5～3 毫米。其余大部分为碎块或虽已被挤散但仍由灰白色半透明的薄膜连接在一起的团块，碎块的形状不规则，多棱角分明，大小不一，直径约为 0.5 厘米，每一小块表面也可见输卵管相互折叠挤在一起的纹理。表面黄白色，显脂肪样光泽，手摸之有滑腻油润感，质较硬而脆，用手指可碾成小碎块，遇水可膨胀 15 倍左右，气稍腥，味微甘，嚼之有黏滑感。

　　干剥后的林蛙去除内脏后风干可入药，药材称"林蛙"。在捕捉林蛙时，应注意鉴别雌雄，捕到雄性林蛙可根据需要放养或捕杀入药。如捕杀入药，可用木板或铁锤击其头部致死，剖腹取出内脏,洗净,用线绳或麻绳穿成串,风干,出售或保存,以备冬令进补之用,也可晒干后制成粉拌于饲料饲喂蝌蚪。

(二)鲜剥与加工 鲜剥简便迅速,易于操作,取油后的个体,去除内脏,洗净血污,风干即为"林蛙",可入药,也可去皮市售带骨鲜肉。具体操作方法有 2 种。

第一种:将雌性林蛙置于开水中烫死后放凉,于体中线处由下颌剪至泄殖腔,翻开皮肤和肌肉,操作要轻,以免碰破肝、胆、卵巢及其他内脏器官,污染林蛙油,此时,一手持镊子分离开内脏,另一手持镊子夹持输卵管,轻轻拉出,自泄殖腔处截断,同样手法取出另一侧输卵管。将输卵管放在光滑干燥的竹排或铜丝网上堆成团并自然风干。风干过程中,要防止雨淋、潮湿或冰冻。也可用干燥箱将输卵管烘干,温度控制在 60℃ 以下,温度不可过高,以防油质变化,降低等级。

第二种:将活体雌性林蛙洗净,剪断两肘动脉或直接剪断两后肢,放于水中将血流尽,为防伤口处血凝,可用手搓揉伤口处,待血放尽后洗净,即可剥油,剥油方法同上。

注意不要用钝器致死或摔死林蛙,一方面造成体内淤血,另一方面内脏器官如肝、胆、肠、卵巢等破裂,均会污染输卵管,降低油的质量。剥油后的林蛙可去除内脏风干入药,也可剥皮出售鲜肉或冻肉食用。

鲜剥出来的输卵管柔软滑腻,可根据需要做成各种形状:①把取出的输卵管一根或几根自然堆放在一起,晾干。形成大小不一的不规则形状,长、宽各为 1~1.5 厘米,厚 0.5~1 厘米。晾干后的输卵管呈无规则的"S"状曲折堆挤在一起,表面有细微不规则的环状纹理,用手指可碾成小碎块。②将取出的多根输卵管堆放在一起,做成圆饼状,晾干。干后形成不规则的扁圆形,直径 5 厘米左右,厚 1.5 厘米左右,中央薄,边缘厚,表面起伏不平,用指甲能刻下小块。③将取出的输卵管分别挂在晾晒线上,用手稍用力拉一下,使其自然下垂,晾干。干后有的地方较直,可见输卵管为扁圆形,有的地方聚成一团,总体呈大肠样形状,长约 10 厘米,宽处 0.2~0.4 厘米。有的地方断裂,但仍有结缔组织膜相连,用手指易碾成碎末。

总之,鲜剥加工干燥后的林蛙油,表面均呈淡黄色或灰白色,手摸有滑腻感,质较硬而脆,遇水膨胀 15 倍左右。

林蛙的出油率,按个体计算,一般体形较大的 100 只左右可出 500 克油,体形较小的 180 只左右可出 500 克油。按重量计算,每 2 000~2 500 克成体林蛙可出 500 克油。

(三)林蛙油加工注意事项 在剥取林蛙油过程中,由于加工方法不当,使油质降低,可出现以下几种情况。

1. **红油** 指制备好的林蛙油有红色斑点或呈红色。"红油"形成的主要原因是因为冬季捕捞时没做好防冻工作造成的,尤其是东北地区,冬季捕捞时,由于气温很低,捞出的林蛙很容易冻僵硬,时间稍长,便被冻透,使内脏器官结冰,血液冻结于血管内并使血管胀裂,当将林蛙置于室内时,由于室内温度高,带有血液的冰晶融化,或林蛙没有完全冻死,在温暖的环境中苏醒时,血液流出破裂的毛细血管,使输卵管被血液浸润或染红。无论干剥还是鲜剥,都可形成红油。

防止方法:在捕捞时准备好装满水的桶,将捕捞的林蛙直接放入水桶内,可防止冻伤。如已经冻伤,可将林蛙直接放入沸水中烫死,待凉后即刻剖腹取油,这样可减少血液的污染。

2. **黑油** 指林蛙油呈霉败的黑色。主要是林蛙干制时气候潮湿或不通风,造成林蛙长期不能干燥,使卵巢腐烂,输卵管霉败,从而导致黑油的形成。

防止方法:在干制时,将林蛙置于干燥、通风处阴干,防止雨淋、潮湿、受冻,避免长期不干而霉败。

3. **冻油** 指林蛙油外观呈现粉红色,松软,易碎,呈粉质状,不透明。造成冻油的主要原因是在干制时气候寒冷,捕捞到的林蛙受冻,水分不断地融化蒸发,实为冻干。冰冻使输卵管的水分形成冰晶,破坏了输卵管的组织结构,温暖时使其融化,由于输卵管交替的融化与冰冻,使输卵管形成粉质状,易碎,即为"冻油"。

防止方法:干剥时,为防止林蛙油受冻,应于干燥、通风处阴干,使水分渐渐蒸发,逐渐失水干缩,内脏器官尤其是输卵管的组织结构不会受到破坏,从而避免冻油的形成。

二、林蛙油的贮藏

将干剥或鲜剥后干燥的输卵管即林蛙油进行分级,并及时交售药材收购部门;如不能及时交售,要妥善保存贮藏,防止虫蛀或发霉。

暂时性的保存只需将林蛙油存放在阴凉、通风、干燥处,如遇潮湿天气,可装于塑料袋内放入冰箱保存。裸放于无霜冰箱内保存最佳,由于无霜冰箱有散失水分的作用,在保存的同时,也有风干的作用,待天晴时再取出保存。

较长时间的保存就要采取一定的方法,防止林蛙油变质。可将其密封于食品袋内或放入密封瓶内,并放入干燥剂或生石灰袋吸潮,保证在出售时的含水量低于11%。

第八节　林蛙油质量评定

林蛙油的剥油方法不同,外形也不一,其性状前面已经介绍,下面介绍一下商品林蛙油的质量、性状的要求与真伪鉴别的方法。

一、林蛙油质量标准

商品林蛙油,一般分为四个质量等级,等级标准如下:

一等:金黄色或淡黄色,块大而整齐,有光泽,半透明,干净,无皮肉、卵粒等杂质。干而不潮者。

二等:淡黄色,皮肉、卵粒等杂质不超过1%。干而不潮者。

三等:灰白色,不变质,碎块、皮肉等不超过5%。干而不潮者。

四等:取油不当或保管不良,油呈黑红色,有皮肉、卵粒等杂质,但不超过10%。干而不潮者。

各等级油块均以块大、整齐、肥厚、黄白色、有光泽,无皮肉、卵粒、充血的毛细血管等杂质为佳。

二、林蛙油的鉴别

(一)性状鉴别

1. 林蛙油性状特征 林蛙油干品为不规则弯曲、相互重叠的厚块,略呈卵形,长1.5~2厘米,厚1.5~3毫米。表面乳白(入蛰后生产的)或黄白色(出蛰后生产的),显脂肪样光泽,偶有带灰白色薄膜状的干皮,手摸之有滑腻感,遇水可膨胀至10~15倍。气特殊,味微甘,嚼之黏滑。将整块的林蛙油置于254纳米紫外光灯下观察,有棕色荧光。

取少许本品,破碎成直径约3毫米的小块,80℃干燥4小时。称取0.2克,进行膨胀度的测定,在初始的6小时,每小时振摇1次,然后静置18小时,倾去水液,读取样品膨胀后的体积,计算得本品的膨胀度。《中国药典》规定:本品的膨胀度不得低于55。

取林蛙油0.1克,加入3毫升50%乙醇,浸渍12~24小时,取上清液滴加于白色点滴板的凹穴中,于254纳米紫外光灯下观察,有蓝白色荧光;另取上清液点于滤纸上,形成直径1.5~2厘米的斑点,干后,于254纳米紫外光灯下观察,有蓝白色荧光。

2. 主要掺伪品及伪劣品的感官性状特征

(1)雄性鳕鱼(明太鱼)精巢干制品 鳕鱼的精巢呈片状或条状,重叠集聚在一个系带上。片状断裂物呈小扇形翻卷扭曲。呈不规则块状,大小不一,长2~3厘米,厚1.8~4毫米。有的碎块一侧带绿黑色干皮。表面黄白色,脂肪样,手摸有滑腻感,质硬而脆,无光泽,断端有白茬,不整齐,遇水膨胀 0.5～4 倍。有鱼腥气,味咸,稍苦。

(2)中华大蟾蜍的输卵管　呈粉条状弯曲盘旋,不堆黏成团,表面乳白色或黄白色,质坚有弹性,无光泽,断裂后成段,不成块。气稍腥,味甘辛麻舌。

(3)琼脂蛋白胨加工品　呈团状、块状或弯曲粉条状,边缘有刀切痕,色灰白,稍透明,有光泽,质轻有弹性,不易破碎和断裂。气微,味淡。

(4)马铃薯加工品　为马铃薯的块茎经蒸制后的加工品。呈不规则扁平块状,大小不一,最大者不超过玉米粒。边缘有刀切痕,表面呈灰白色颗粒状,手摸之则脱落,内部仍有硬块。气微,味淡。镜检可见大量糊化淀粉粒及草酸钙结晶。

(5)甘薯加工品　为甘薯的块根经蒸制后的加工品,其大小、形状与马铃薯加工品相似,唯表面呈淡棕黄色。半透明,角质样,质坚硬,遇水膨胀较马铃薯加工品稍快,水浸后表面膨胀层较厚,手摸有滑腻感。气微,味淡。镜检可见大量糊化淀粉粒及草酸钙砂晶。

(二)火试及水试方法鉴别

1. **林蛙油特征**　林蛙油遇火易燃,离火自熄,燃烧时发泡,并有噼啪之响声,无烟,焦煳气不刺鼻。遇水膨胀,膨胀时输卵管壁破裂,24 小时后呈白色棉絮状,体积可增大 15～20 倍,加热煮沸不溶化,手捏不黏手,脱水干燥后可恢复原样,但失去了光泽。黑龙江林蛙与中国林蛙相似,但油为土黄色或棕黄色,吸水后体积增大约 15 倍。

2. **掺伪品及伪劣品特征**

(1)雄鳕鱼的精巢　遇火易燃,燃烧处融化卷缩,并发出吱吱声,有烟,燃烧后有烤鱼之香气。遇水变为乳白色,稍有膨胀,形态

不变,并有碎块脱落,使水呈混浊状,水表面出现油滴漂浮;气极
腥,煮沸不溶化,呈凝团状。

（2）中华大蟾蜍的输卵管　遇火易燃,燃烧时与林蛙油相似。
遇水稍膨胀,输卵管管壁不破裂,只见粉条状物加粗,但形态不变;
遇水虽变软,但不能将其拉直,断裂处呈狮子头样膨大,但不呈棉
絮状。

（3）琼脂蛋白加工品　遇火易燃,燃烧时卷缩,并发出吱吱声,
有烟,焦煳气刺鼻。遇水膨胀不明显,呈透明胶冻状,有韧性,煮沸
后溶化,冷却后凝固。

（三）显微镜检查鉴别

1. **林蛙油的显微特征**　林蛙油加碘酒染色后,在显微镜下呈
金黄色,腺体细胞肥大,呈长椭圆形,排列整齐,细胞壁明显。靠腺
体内腔一端较狭,细胞壁凸起,细胞核椭圆形,位于细胞中间稍偏
向腺体内腔一面,腺体底部较宽,上端极狭,呈圆锥形;腺体开口呈
心脏形内凹;腺体内腔较宽,整个腺体布满细小纹理。

黑龙江林蛙油,腺体细胞较短,呈方形,细胞核不太明显。腺
体较狭,大约为中国林蛙油的3/4,腺体内腔宽度约为中国林蛙油
的1/2,腺体上纹理少于中国林蛙油。

2. **掺伪品及伪劣品的显微特征**

（1）雄鳕鱼精巢　遇碘酒后迅速凝固,压片后凝固或成韧性很
强的片状物。没有腺体和腺体细胞。精巢表面细胞为多角形,不
明显,清晰可见的是不规则的细胞碎块和细丝组成的条状物。

（2）中华大蟾蜍的输卵管　腺体宽而呈三角形,腺体内腔较
粗,腺体开口凹陷较大。腺体细胞形态不一,排列不齐,细胞较小,
大约为林蛙油的1/4。细胞壁不明显,细胞核近圆形,位于腺体内
腔一侧。腺体细小,纹理少,在显微镜下显得光亮而鲜艳。

（3）琼脂蛋白加工品　遇碘酒后不易着色,镜检只见大量的糊
化固体。

第九节　林蛙的疾病防治

一、预防措施

圈养林蛙在夏季时很容易患各类疾病,可采取如下预防措施:

其一,夏季饲养期每半月用0.7毫克/千克高锰酸钾或1～2毫克/千克漂白粉溶液消毒蛙圈1次,同时每月用增效磺胺脒0.5克拌入1 000克饵料虫内,连喂3天,可起到预防肠炎作用。

其二,黄粉虫饲养场所应每半月用1～2毫克/千克漂白粉溶液喷雾消毒1次,避免林蛙吃到带菌的虫体。

其三,林蛙圈门口应设有消毒设施,进入林蛙圈要先消毒;谢绝外人参观,严防鸡、犬等动物进入林蛙圈。

其四,林蛙的饲养密度。当年幼蛙饲养密度在300～400只/米^2,成蛙在150～200只/米^{2}为宜。

其五,做好防天敌工作。可在圈外围设置电猫防鼠,在林蛙圈上面加防护网保护林蛙。

二、常见病防治

(一)皮下充气病　病蛙皮下充气,全身鼓成球状,漂浮于水面,使蛙失去活动能力,但可生活较长时间才死亡。本病多发生在冬眠初期和春季繁殖期。这种病的发生可能与皮肤功能失调有关,在水下冬眠时,二氧化碳要经皮肤排出体外,如果皮肤的呼吸功能失调或发生障碍,则可能出现皮下充气病。

目前对本病尚无有效防治方法,发现病蛙捞取淘汰。

(二)肠炎　病蛙焦虑不安,东爬西窜,反应迟钝,食欲不振,常与红腿病并发,偶尔有脱肛现象。

防治方法:用1毫克/千克漂白粉溶液消毒蛙圈,每周1次,连续 3 周,或是在 1 000 克饵料虫中加压碎的增效联磺片 1 片、酵母片 2 片,与虫拌匀,饲喂 5 天可治愈。

(三)曲线虫病　病蛙头抬起向上往一面歪斜,焦躁,跳跃时往一边使劲,主要由于曲线虫所致。

防治方法:用 0.7 毫克/千克硫酸铜溶液消毒,或用土霉素 1.5 克、磺胺脒 1 克,研为粉末,以水拌虫 1 千克,饲喂 5 天可治愈。

(四)红腿病　病蛙伏地,精神不振,不进食,大腿内侧及腹下皮肤出现红斑,常与肠炎并发,多发生于陆地生活期,传染性强,死亡率高。

防治方法:一是用 20% 磺胺脒溶液浸泡病蛙 2 天。二是用 5% 高锰酸钾溶液浸泡病蛙 24 小时。三是用 0.7 毫克/千克高锰酸钾溶液全区消毒,或用 0.7 毫克/千克硫酸铜溶液消毒。四是用磺胺脒 1 克,拌入 1 000 克饵料虫中饲喂,连喂 5 天。五是用蒸馏水或凉开水 100 毫升加食盐 0.9 克、葡萄糖 25 克,充分搅拌至溶化,即成 25% 葡萄糖生理盐水,每 100 毫升加入青霉素 40 万单位,充分搅拌后备用。治疗时可用其浸泡病蛙 3～5 分钟,或每只腹腔注射 2 毫升。

(五)烂皮病　病蛙初期瞳孔出现黑色粒状突起,很快全眼变白,失去视觉,被皮失去光泽而脱落,皮肤出现溃疡,最初溃疡灶为白色小点状,继而逐渐扩大使皮肤烂掉,严重者肌肉溃烂,露出骨骼,多见于四肢,有的林蛙腿部和手部溃烂,随脚趾和手指溃烂,有的鼻孔前方吻部皮肤也发生溃烂,严重者拒食。病蛙潜伏在阴暗处,常用指端搔抓患处,导致出血死亡。多发生于生殖休眠的成蛙期。

防治方法:发现病蛙及时隔离饲养。一是用 1.5 毫克/千克漂白粉液全区消毒。二是用维生素 A 营养粉按 1%～2% 拌饵料虫饲喂 5 天,即将黄粉虫喷洒少量的水,用维生素 A 营养粉液均匀地粘在黄粉虫虫体表面,当水分蒸发,饵料虫恢复常态时即可喂蛙。

(六)四肢溃烂病　病蛙四肢溃烂,皮肤最先发炎、溃烂,继而肌肉溃烂,以至露出骨骼,从而导致死亡。病因是由于外伤感染所致。

防治方法:注意保持环境清洁卫生,发现病蛙或受伤蛙应立即取出隔离饲养,并用5％高锰酸钾液浸泡病蛙,每天1次,每次15～20分钟,反复多次,直至痊愈。

(七)蝌蚪气泡病 患病蝌蚪肠内充满气泡,腹部膨胀,随着气泡增大而失去自由游泳能力,只能仰游于水面,并逐渐失去身体平衡而死亡。主要病因是饲养过程中水质不洁,含氧量不够,有机质大量发酵产生气泡并被蝌蚪吞食所致。

防治方法:将发病蝌蚪捞到清洁的水池中暂养1～2天,更换池水,降温保洁,让发病蝌蚪禁食2天。另外,尽量在上午9时以前喂饱蝌蚪,投喂煮熟的米糠等饵料,以免在中午水温较高时,因饥饿而吞食水生植物光合作用时所放出的小气泡。蝌蚪饲养池所用水尽量用含气体较少的水,尽量少用地下水,因为有的地下水含氮量较高,易使蝌蚪患气泡病。在蝌蚪饲养池中加入食盐3毫克/千克浓度,可预防本病发生。

第十节　林蛙产品的开发利用

一、林蛙油胶囊

以林蛙油为原料,添加强化营养素等,进行科学复配,用溶剂油、水,或者用硬胶囊包装,制造的林蛙油胶囊产品,称为林蛙油胶囊。

二、林蛙油冲剂

取自然风干的林蛙油,经粉碎机(80目)粉碎成细粉后,与一定量的淀粉和糖粉混合均匀,采用乙醇作润湿剂,过16目筛制成湿颗粒,烘干制得。

三、林蛙油口服液

将林蛙油用清水泡好后,打成浆液,配以蜂蜜或白糖及水装入安瓿内封盖包装。

四、林蛙油酒

选用优质白酒,将泡开的林蛙油放入酒中,每千克酒放入泡开的林蛙油 40 克左右,浸泡 1 周即可饮用。

五、林蛙油饮料

将林蛙油用清水泡好后,打成浆液,均质后做成保健饮料。长期饮用可对人体产生提高免疫力和抗衰老的保健功效。

六、林蛙油点心

将林蛙油用水泡好搅碎后,与面粉、白糖等其他原料配合制成饼干等点心,具有营养丰富、口感好及保健功能。

七、人参林蛙油

将人参(生晒参或红参)水煎,过滤出水煎液,冷却后用来浸泡林蛙油。泡开的林蛙油加适量糖(亦可不加),放入锅内蒸熟,冷却后服用。人参林蛙油具有人参和林蛙双重营养保健价值,是比较好的林蛙油食用方法。

八、林蛙油冰淇淋

将林蛙油用水泡好后,打成浆液,与鸡蛋、牛奶均匀混合制成冰淇淋,其营养丰富,具有保健功能。

九、林蛙油糖果

将林蛙油用水泡好、搅碎后,添加在糖果中,具有很好的保健功能。

十、五香蛙肉罐头

将烫死的雄蛙洗净,加入香料配制成的汁液中浸渍 5 小时左右,捞出沥干,放入豆油中炸成黄色,装罐后即可。

十一、冰鲜蛙

一般采用野生雄性蛙。先将活蛙用 $60\sim70℃$ 水烫死,将蛙体放入水中清洗干净,用塑料袋包装好后经速冻而成。保持了林蛙原有的鲜美。

十二、冷冻蛙腿

先将活蛙用 $60\sim70℃$ 水烫死,剥去蛙皮,用刀从尾杆骨后端切下两后肢,再将跗蹠部切去,剥下大腿皮后,用塑料袋包装好后经速冻而成。

十三、蛙干

秋季捕捉的雄蛙加工成蛙干,食用有特殊风味,又便于保存和运输。加工方法是,先将蛙在 $60\sim70℃$ 水中烫死,将蛙体放入水中清洗干净,再干燥制成蛙干。

十四、林蛙油护肤品

将林蛙油作为原料添加在润肤霜中具有很好的保湿、滋润效果;添加在面膜中具有很好的保湿效果。

十五、林蛙菜谱

(一)冰糖木瓜炖雪蛤

材料:林蛙油干品 5 克,冰糖 250 克,木瓜 500 克,白糖 50 克,清水 1 000 克。

做法:

1. 将林蛙油盛在大碗里,先用 60℃温水浸泡 8～10 个小时。然后用清水漂洗,取出拣去黑籽和杂质,洗净沥干,放进碗中,加入白糖 50 克,清水 50 克,放进蒸笼,蒸约 30 分钟,取出沥干水分,待用。

2. 把木瓜的皮刨掉,用刀开成 6 条,去掉瓜子,然后,用刀切成棱角状,放进餐盘,入蒸笼蒸 8 分钟后,取出待用。

3. 把炒锅洗净,放进清水,冰糖煮滚,至冰糖全部溶化,且汤面出现浮沫时,把浮沫撇去,然后把已蒸好的林蛙油、木瓜块分别盛入 10 个小碗,再把已煮滚的冰糖水淋入即成。

特点:清甜醇滑,瓜味郁香,具有润肺养阴、滋补强壮作用。

(二)酱焖林蛙

材料:林蛙 600 克,小葱 15 克,姜 10 克,香菜 15 克,猪油(炼制)30 克,黄酱 40 克,白砂糖 5 克,醋 10 克,料酒 15 克,花椒 5 克,八角 3 克,味精 2 克,香油 10 克,淀粉 15 克。

特色:色酱红,味咸鲜,质地酥烂。

做法:

1. 先将活林蛙摔晕,从嘴处取出内脏,剥去皮,剁去爪,然后用线绳扎好、洗净。

2. 勺内加鸡汤,放入花椒、八角、葱段、姜片烧开煮 5 分钟,放入捆好的林蛙,用小火煮 15 分钟捞出,头朝外、腹朝上摆在盘内呈圆形。

3. 勺放熟猪油烧热,下黄酱炒开,加醋、白糖、味精,再将林蛙推入勺内,小火焖。

4. 焖之 15 分钟左右,汤汁剩 1/5 时,勾芡、大翻勺,滴入香油托入盘内,中间放一撮香菜即成。

(三)鲜红椒蒸林蛙油

材料:保鲜林蛙油 100 克,鲜红辣椒 100 克,玉米粒 40 克,山蕨菜 50 克,银耳 50 克,食盐 15 克,味精 10 克,鸡精 10 克,蒜蓉 10 克,姜汁 10 克,调料油 15 克,红油 15 克。

做法:

1. 林蛙油用 50℃ 的温水浸泡 5 小时,摘去黑籽和杂物,洗净;银耳用凉水浸泡 1 小时捞出,用刀切成小块去掉根;鲜红辣椒切成和剁椒相同大的粒;山蕨菜去老根洗净,切长 3 厘米的段,入沸水中大火汆 0.5 分钟捞出。

2. 林蛙油放入盆内加入银耳、山蕨菜、玉米粒、盐、味精、鸡精、鲜红辣椒、姜汁、蒜蓉、调料油、红油拌匀腌渍 1 小时,放在各自的容器上,上蒸箱大火蒸 5 分钟即可。

(四)银耳雪蛤汤

材料:枸杞 10 克,甘草 3 克,陈皮 3 克,泡发林蛙油 200 克,白木耳 3~4 朵,冰糖适量。

做法:

1. 林蛙油以水浸泡 8~10 小时,至其膨胀成半透明状,将表面的黑籽及杂质挑除,洗净,沥干水分;白木耳洗净,泡软,将蒂摘除,并摘成小朵。

2. 陈皮以水泡软,将内面的白膜刮除,否则煮出的汤汁会苦。

3. 锅内放入 6 杯水,放入林蛙油,再加入陈皮及甘草,以小火煮约 30 分钟后,加入白木耳及枸杞,继续再煮 20 分钟,加入冰糖调味即可。

功效:降火气,祛痰,增强记忆力,养生驻颜。

(五)"三雪"蛙花煲

材料:瘦猪肉 250 克,雪梨 4 个,雪耳 60 克,发好的林蛙油 30

克,蚌花 60 克。

做法:

1. 发好的林蛙油放入清水中,拣去污物,洗净,放入开水锅中煮 5 分钟,捞起沥干;瘦猪肉洗净,切块;雪梨洗净,连皮切 4 块,去核;雪耳用清水浸开,洗净,摘小朵;蚌花洗净。

2. 把雪梨、雪耳、蚌花、瘦猪肉放入锅内,加清水适量,武火煮沸后,文火煲 1 小时,放入林蛙油,再煲 1 小时,调味供用。

功效:清补润肺,化痰止咳。用于治疗燥热伤肺,症见咽干痰黄稠或干咳无痰;或肺阴不足,阴虚火旺之久咳痰红;亦可用于肺结核咳嗽痰中带血、潮热心烦、淋巴结炎。

(六)雪蛤莲子红枣鸡汤

材料:发好的林蛙油 30 克,莲子 57 克,红枣(去核)12 枚,鸡(没生过蛋的小母鸡)1 只,姜 4 片,清水 15 碗,盐适量。

做法:

1. 鸡去除内脏,洗净,切半,余烫,备用。

2. 发好的林蛙油放入清水中,挑净污垢,洗净,余烫。

3. 红枣及莲子洗净。

4. 将清水煮沸,把所有材料放入煲内,先用大火煮 20 分钟,再改用小火熬煮 2 小时,下盐调味,即可享用。

功效:鸡能补元气,林蛙油补肾、补肺、养颜,红枣健脾化痰。此汤饮对养颜、润肤有显著的功效。

(七)雪蛤红莲煲鹌鹑

材料:发好的林蛙油 30 克,红枣 15 枚,莲子肉 50 克,陈皮 10 克,鹌鹑 2 只。

做法:

1. 先将鹌鹑剖洗干净,去内脏;林蛙油预先用清水浸透,使之发开,拣去杂质;莲子肉和陈皮分别用清水浸透,洗干净;红枣洗净,去核。

2. 瓦煲内加入适量清水,先用猛火煲至水滚,然后放入以上全部材料,候水再滚起,改用中火继续煲至莲子肉稔熟,加入少许食盐调味,即可佐膳,饮汤吃肉。

功效:林蛙油具有补肾益精、润肺滋补的作用,秋凉进补,极为适合;红枣有健脾、燥温、化痰的作用;鹌鹑肉可补中益气、利五脏、强健身体,所以,用以上材料煲成的"雪蛤红莲鹌鹑汤"就具有滋补养颜、养血润肤的作用,尤其是在秋冬季节饮用,又可以防止天气过分干燥而引起皮肤干燥瘙痒的症状出现。

(八)琼心林蛙油豆腐羹

材料:发好的林蛙油 100 克,鸡蛋 3 只、胡萝卜 20 克,黄瓜 20 克,水发冻蘑 20 克,蟹足棒 50 克,高汤 50 克。

做法:

1. 先把鸡蛋清倒入碗中,加少许盐搅拌均匀。

2. 把搅拌好的鸡蛋清放在微波炉里蒸 3～4 分钟,取出待用。

3. 把高汤放在炒勺中,陆续加入林蛙油、胡萝卜片、黄瓜片、水发冻蘑、蟹足棒、香菜叶及适量的调料。

4. 用水淀粉勾芡,淋入刚刚蒸好的鸡蛋羹上。

功效:有养颜润肺、补肾益精、抗疲劳、调节内分泌、增强免疫力、延缓衰老的作用。

(九)虫草雪蛤

材料:虫草 10 克,林蛙油 10 克,冰糖 10 克。

做法:

1. 把林蛙油用温水发透,除去黑籽及筋膜,虫草用白酒浸泡 30 分钟,冰糖打碎。

2. 把林蛙油、虫草、冰糖放于锅内,加入清水 250 毫升。

3. 把锅置武火烧沸,再用文火煮 30 分钟即成。

功效:养阴益精,滋补肝肾。适于阴亏肝郁型冠心病患者食用。

(十)口蘑烩雪蛤

材料:水发林蛙油 100 克,水发口蘑 10 克,冬笋 10 克,豌豆 10 克,猪油 25 克,盐 1.5 克,酱油 10 克,绍酒 5 克,葱 10 克,姜 10 克,芝麻油 2.5 克,湿淀粉 15 克,鸡汤 350 克,胡椒粉 1 克。

做法:

1. 把冬笋切成小象眼片,水发口蘑切成小片,香菜切末,葱、姜切块。

2. 勺内放猪油,油热时,用葱、姜块炝锅,加酱油、鸡汤。烧开后,捞出葱、姜块,放入林蛙油、绍酒、味精、花椒水、冬笋、豌豆、胡椒粉、口蘑。烧开后,撇去浮沫,用湿淀粉勾成米汤芡,淋上芝麻油,撒上香菜,盛入汤盘内即成。

功效:开胃,理气,滋阴养颜。适用于面黄枯瘦,不思饮食,体弱,吐血,盗汗,女子性功能低下等症。

(十一)芙蓉雪蛤

材料:水发林蛙油 100 克,鸡蛋清 3 个,豌豆 10 克,熟火腿 10 克,冬笋 5 克,水发冬菇 5 克,猪油 25 克,鸡汤 300 克,精盐 2 克,味精 2.5 克,绍酒 10 克,花椒水 10 克,湿淀粉 20 克,葱 10 克,姜 10 克。

做法:

1. 将鸡蛋清打在汤盘内,放入鸡汤,加上精盐、味精,用筷子搅匀,放入笼屉内蒸熟(嫩豆腐状)待用。

2. 将火腿、冬笋切成小象眼片;菇切两半;葱、姜切块,用刀拍一下。

3. 勺内放猪油,烧热后,加葱、姜块炝锅,出香味时,加鸡汤。烧开后,把姜、葱捞出,加精盐、绍酒、花椒水、林蛙油、火腿、冬笋、冬菇、豌豆。烧开后,撇去浮沫,加味精,用湿淀粉勾稀芡,倒在鸡蛋清上即成。

功效:滋阴润燥,养心安神。适用于心烦不眠,燥咳,声哑,目赤咽痛,胎动不安,产后口渴,下痢,烫伤等症。

（十二）鸡茸雪蛤

材料:鸡肉 75 克,水发林蛙油 125 克,水烫油菜 10 克,水发玉兰片 10 克,熟火腿 10 克,鲜蘑 15 克,鸡蛋清 2 个,猪油 25 克,精盐 2.5 克,味精 3 克,绍酒 10 克,花椒水 10 克,鸡汤 450 克。

做法:

1. 把鸡肉剔去白筋,用刀背砸成细泥,放入鸡蛋清、鸡汤、精盐、绍酒、花椒水、味精搅匀,然后放入林蛙油拌匀;油菜、玉兰片、熟火腿、鲜蘑均切成小片。

2. 勺内放鸡汤,汤开后,用手抓起拌好的林蛙油鸡泥,徐徐下入汤内,待呈珍珠状时,再放入火腿、鲜蘑、油菜、玉兰片、精盐、花椒水、味精、绍酒,烧开后,撇去浮沫,盛在碗内即成。

功效:补肾益精,强壮身体。适用于体弱、面色枯黄、肺痨咳嗽、吐血、盗汗等症。

（十三）珍珠雪蛤

材料:林蛙油 25 克,珍珠粉 0.2 克,鸡脯肉 75 克,猪膘肉 25 克,火腿 15 克,冬笋 15 克,黄瓜 15 克,鸡蛋清 2 个,香菜 10 克,精盐 2.5 克,味精 1.5 克,花椒水 5 克,葱末 5 克,姜末 5 克,鸡汤 500 克,芝麻油 0.2 克。

做法:

1. 将林蛙油放入碗内,用温水泡开,剔净筋膜、黑籽。

2. 将鸡脯肉和肥猪肉砸成细泥,加入鸡蛋清、鸡汤、葱、姜末、精盐、味精搅拌;火腿、冬笋、黄瓜切成象眼片。

3. 勺内放入汤,烧开后,移到文火上,把鸡泥和珍珠粉搅拌均匀,挤成小丸子,逐个放入汤内,待丸子漂浮后,撇净浮沫,放入火腿、冬笋、黄瓜、林蛙油、花椒水、精盐、味精,撇去浮沫,滴上芝麻油,盛入碗内。

4. 把香菜切成末,装入碟内,随汤上桌即可。

功效:健肌肤,美容颜。适用于女性性功能低下、皮肤粗糙、产后虚弱以及肺痨咳嗽、吐血、盗汗、神经衰弱等症。

(十四)什锦雪蛤

材料:林蛙油 25 克,松子仁 25 克,苹果 50 克,香蕉 50 克,橘子 50 克,鸭梨 50 克,菠萝 50 克,金糕 50 克。

做法:

1. 将林蛙油择净黑籽、皮等杂质,用温水洗净,再用温水泡 1 小时,用镊子除净黑线,洗净。

2. 将松子仁用温水泡 3 分钟,水果剥去皮、核,切成薄片。

3. 把林蛙油、水果等原料分别码在碗内,加入清水、白糖,上笼屉蒸 8 分钟。

4. 把蒸好的林蛙油渌入勺内,开锅后,撇去浮沫,用湿淀粉勾芡,撒上金糕片,滴上芝麻油,浇在什锦碗内即成。

功效:补肾益精,润肺养阴。适用于一切虚损、肺痨咳嗽、烦渴等症。

(十五)红枣雪蛤

材料:红枣 25 克,水发林蛙油 200 克,黄瓜 750 克,橘子(罐头)50 克,白糖 500 克,醋 20 克,香草粉 1 克,姜 15 克。

做法:

1. 将红枣洗净,去核;黄瓜洗净,切成 3 厘米长的段,用小勺刮去瓜子,即成瓜盅。

2. 将姜切成细丝,放在碗内,放入白糖、醋,兑成糖醋汁,将瓜盅腌 2 个小时。

3. 橘子瓣一切两段,大枣切成方丁,将铝锅放在火上,加入清水适量及糖 100 克。

4. 水开后,放入林蛙油、橘子、大枣,盖上盖,移到文火上,焖 10 分钟,取下凉透。

5. 将剩下的糖加入水放火上熬成蜜汁,放入香草粉,待凉后放进冰箱内凉透。

6. 将瓜盅整齐的摆放在盘内,将林蛙油、橘子瓣、大枣用小匙舀在瓜盅内,浇上蜜汁即成。

功效:补气血,益肾精。适用于气虚、血虚、面黄肌瘦、容颜憔悴、皮肤粗糙等症。

(十六)荷花雪蛤

材料:干林蛙油 15 克,西红柿 1 000 克,青梅丁 5 克,冰糖 250克,水 150 克。

做法:

1. 将林蛙油剔去黑籽和杂质,洗净,放入暖水瓶内,加入 40℃热水,泡 4 小时,倒出滗干。

2. 勺内加水和冰糖,溶化后,加入林蛙油,用小火熬,待糖汁稍浓时,倒入汤盘内。

3. 将西红柿用热水焯一下,捞在凉水盆内,剥去皮,切成荷花瓣状,内瓤分两层(外层向外翻,里层向里翻),码在装林蛙油的汤盘周围。将青梅丁点缀在林蛙油中间,放入冰箱,凉后取出上桌即可。

功效:补肾益精,润肺养阴。适用于产后虚弱、肺痨咳嗽、盗汗等症。

(十七)菠萝雪蛤

材料:干林蛙油 15 克,菠萝罐头 1 罐,水 500 克,白糖 250 克。

做法:

1. 将林蛙油剔去黑籽和杂质,洗净,放入暖水瓶内,加入 40℃热水,泡 4 小时倒出待用。

2. 勺内加水、白糖、林蛙油,烧开后,用文火煮 10 分钟。将菠萝切成小块,下入勺内,烧开后,盛入汤碗内即成。

功效:清热解暑,消食止泻,滋阴润肺。适用于身热烦渴、消化不良、支气管炎、肺痨咳嗽、盗汗等症。

(十八)翡翠雪蛤

材料:水发林蛙油 200 克,鸡脯肉 125 克,猪膘肉 25 克,鸡蛋清 2 个,菠菜 150 克,精盐 2.5 克,味精 0.2 克,葱 10 克,姜 10 克,香菜 1.5 克,鸡汤 500 克,芝麻油 1.5 克。

做法:

1. 将林蛙油用水泡开,除去筋膜、黑籽。葱、姜切末。鸡脯肉、猪膘肉合在一起砸成细泥,加入鸡蛋清、精盐、葱、姜末、味精和水搅匀,再分 2 份放在碗内。

2. 将菠菜洗净,放在碗内,用擀面杖捣碎,再用纱布滤取菠菜汁,放入 1 份鸡泥内搅匀。

3. 勺内放入鸡汤,汤开时移在文火上,用羹匙分别把 2 份鸡泥舀入汤内。待汤开后,放入林蛙油,撇去浮沫,盛入碗内,淋上芝麻油,放上香菜即成。

功效:润肺养阴,美容养颜。适用于病后虚弱、产后体弱、肺痨、盗汗、神经衰弱、女性性功能减退等症。

(十九)杏仁薤白雪蛤羹

材料:杏仁 12 克,薤白 10 克,林蛙油 2 克(泡发后约 120 克),冰糖 20 克。

做法:

1. 把杏仁、薤白放入盆内洗净;林蛙油用温水泡发 10 小时,除筋膜和黑籽;冰糖打碎。

2. 把林蛙油、杏仁、薤白、冰糖同放蒸杯内,加清水 150 毫升,置蒸笼内,用武火大汽蒸 45 分钟即成。

功效:滋阴补血,止咳化痰。适于痰淤型冠心病患者食用。

(二十)银耳雪蛤

材料:水发林蛙油 25 克,水发银耳 50 克,油菜 5 克,冬笋 5 克,火腿 5 克,绍酒 5 克,花椒水 5 克,盐 2 克,味精 2 克,高汤 500 克。

做法：

1.把林蛙油洗净,剔去筋皮,除去黑籽;油菜、冬笋、火腿切成小象眼片。

2.把银耳、林蛙油用温水泡开,捞出。

3.勺内放入高汤,加入绍酒、花椒水、精盐、银耳、林蛙油、火腿、油菜、冬笋。汤烧开后,撇去浮沫,加入味精,盛入碗内即成。

功效:补肾益精,润肺养阴。适用于病后、产后虚弱,肺痨,盗汗,神经衰弱,女性性功能低下等症。

十六、林蛙油常见食用方法

（一）凉拌林蛙油　林蛙油泡开、蒸熟、冷却后,加入酱油、辣椒粉、醋、糖、味精等调味品,拌匀后作为凉拌菜或小菜;或将蒸熟的林蛙油加入各种凉菜中。凉拌林蛙油没有腥味,适合一些不愿吃甜食的人。

（二）林蛙油菜汤　在汤菜里加林蛙油可增加营养价值,调整口味。菜汤、肉汤均可加入林蛙油,汤菜需在烧好之后加入林蛙油。

（三）林蛙油米粥　小米、大米及其他米类做成米粥,在粥熟之后加入泡开的林蛙油,煮10分钟,即成林蛙油粥。林蛙油粥能增加粥饭的营养,又能改变林蛙油的适口性。

（四）林蛙油面食　用泡开并挤压过滤的林蛙油和面,压成面条或包成水饺,韧性大,耐水煮,食用滑润可口,别有风味。

第二章　蟾蜍的养殖

第一节　蟾蜍的经济价值

一、药用价值

蟾蜍,俗称"癞蛤蟆",为两栖纲、蟾蜍科动物。我国药典收载入药的是常见的中华大蟾蜍(*Bufo bufo gargarizans*)和黑眶蟾蜍(*Bufo Melanosticus Schneider*)。蟾蜍的药用价值早在梁代陶弘景所著的《名医别录》就有记载。《中药大辞典》中记载蟾蜍全身均可供药用,是多种名贵中成药的主要原料。蟾蜍的药用部位主要是去除内脏或不去内脏的干燥全体以及耳后腺、皮肤腺分泌的白色浆液的干燥品和蟾蜍自然蜕下的角质膜,分别为干蟾、蟾酥、蟾衣、蟾头、蟾舌、蟾肝、蟾胆等传统名贵中药。蟾蜍性温、味辛、有毒,具有解毒、消肿、止痛、开窍等功效,对治疗食管癌、肝癌、肾炎、白喉、流行性腮腺炎均有很好的疗效。蟾蜍制剂可增强心肌收缩力,增加心搏出量,减低心率并消除水肿与呼吸困难,有类似洋地黄样作用;升压作用迅速而平稳,维持时间长,且能使肾、脑、冠脉血流量增加,优于肾上腺素缩血管药;还有局麻作用及抗肿瘤作用,对免疫系统及循环系统等也有作用。

（一）蟾酥　蟾酥具有强心、兴奋、镇痛、抗毒、止血、通窍、利尿、抗癌等多种功效,主治痈疽、恶疮、无名肿毒、牙痛、咽喉肿痛、龋齿痛、乳房炎、骨髓炎、小儿疳积、心力衰竭等症。现代医学发现,它有其他药物不可替代的强心、利尿、抗癌、麻醉、抗辐射、增加白细胞的作用,是治疗冠心病的良药,日本用蟾酥生产出"救生丹",我国用蟾酥生产出六神丸、心宝、梅花点舌丹、华蟾素等药物。

(二)**蟾衣** 是蟾蜍自然脱下的角质衣膜,为一层很薄的几乎透明的皮,俗称"蟾衣"。《本草纲目》中称之为"蟾宝",具有扶正固本,攻坚破淤,抗癌消肿之神效,在民间广泛用于治疗肝、肺等多种肿瘤以及乙型肝炎、腹水等疑难杂症。《中华医药全典》中载:"蟾蜍衣,现代常用治肿瘤"。另有《癌症独特秘方》中载:"蟾蜍皮性味辛、凉、微毒;功能清热解毒、利水、消胀;主治各种肿瘤"。据测定,蟾衣中含有蛋白质75%,总灰分17%,氨基酸18种含量达55%,还含有蟾毒内酯、砷盐等。蟾衣质脆,易撕裂;气微、味苦、辛;口尝有刺喉和麻舌感。蟾衣的初步临床应用已表现出对慢性肝病、多种癌症、慢性气管炎、腹水、疔毒、疮痈等都有较好的疗效。然而,过去天然蟾衣很难采集,因为蟾蜍通常边脱边吃,脱完也就吃光了,除非蟾蜍生病时脱下后留在草丛中或乱石堆中,否则极难见到。所以,蟾衣的名贵也就在于此。

(三)**蟾蜍胆** 有镇咳、平喘、祛痰、消炎等功效。

二、食用价值

蟾蜍不仅是传统的药用动物,也是一道营养丰富的食用动物,其肉质比青蛙还要细嫩鲜美,在上海及浙江地区每年上市食用量超过青蛙,因此是一种经济价值相当高的药用兼食用动物。上海青浦练塘镇的"蟾蜍大餐"享有盛名,有红烧、烟熏等各种食用方法,著名的"熏腊丝"是用蟾蜍做的一道美味食品,颇受当地人的青睐。

三、生态价值

蟾蜍是农作物、牧草和森林害虫的天敌。据科学家们观察研究,在消灭农作物害虫方面,它要胜过"漂亮"的青蛙,一夜吃掉的害虫要比青蛙多好几倍。蟾蜍平时栖息在小河池塘的岸边草丛内或石块间,白天藏匿在洞穴中不活动,清晨或夜间爬出来捕食。捕食的对象包括蜗牛、蛞蝓、蚂蚁、蝗虫和蟋蟀等。因此要合理开发利用,不能乱捕滥捉。

四、实验价值

蟾蜍属两栖纲动物,是很好的实验动物,广泛应用在动物生理学、药理学、动物学实验。

五、观赏价值

蟾蜍虽长得丑陋,但人们视其为辟邪、招财的象征。在饰品中三脚蟾蜍又称为黄水晶吃钱兽。传说《列仙全传》中有一位叫刘海的人,他是八仙之一吕洞宾的入门弟子,他云游四海时,收服了一只会变钱的三只脚的蟾蜍,由于刘道长最喜布施,这只会变钱的三只脚金蟾,刚好帮他变出钱来布施贫民。因此民间将蟾蜍视为招财进宝的风水法器。

我国古语有"月中有蟾蜍",是以"蟾"为"月"代称,故古语又称"月宫"为"蟾宫",古代壁画中,常在一个圆轮上刻画三足式的蟾蜍,以象征日、月,喻逢凶化吉,带来好运。以玉石按"三静"要求而雕刻的三脚蟾,自古以来为各方人士所收藏摆放,以求利己避害。生意人将其放在门口,以求广吸财源,日日进财。

第二节　蟾蜍的生物学特性

一、分类与分布

蟾蜍在分类上属两栖纲、无尾目、蟾蜍科、蟾蜍属。

别名:大蟾蜍、癞肚子、癞蛤蟆、蟾诸、去甫、蟾、石蚌、癞格宝、癞巴子、癞蛤蚆、蚧蛤蟆、蚧巴子。其在我国分布广泛,而且在不同海拔的各种生境中数量均很多。我国东北、华北、华东、西北地区都有分布。俄罗斯、朝鲜也有分布。

二、形态特征

（一）中华大蟾蜍　体粗壮，长约 10 厘米以上，雄性较小。皮肤极粗糙，除头顶较平滑外，其余部分，均满布大小不同的圆形瘰疣。头宽大，口阔，吻端圆，吻棱显著。口内无锄骨齿，上下颌亦无齿。近吻端有小形鼻孔 1 对。眼大而凸出，后方有圆形的鼓膜。头顶部两侧各有大而长的耳后腺。躯体短而宽。在生殖季节，雄性背面多为黑绿色，体侧有浅色的斑纹；雌性背面色较浅，瘰疣乳黄色，有时自眼后沿体侧有斜行的黑色纵斑；腹面不光滑，乳黄色，有棕色或黑色的细花斑。前肢短而粗壮，指、趾略扁，指侧微有缘膜而无蹼；指长顺序为 3、1、4、2；指关节下瘤多成对，掌突 2，外侧者大。后肢粗壮而长，胫跗关节前达肩部，趾侧有缘膜，蹼尚发达，内跗突长而大，外跗突小而圆。雄性前肢内侧 3 指有黑色婚垫，无声囊。

（二）黑眶蟾蜍　体长 7～10 厘米，雄性略小。头高，头宽大于头长。吻端圆，吻棱明显，鼻孔近吻端，眼间距大于鼻间距，鼓膜大，无犁骨齿，上下颌均无齿，舌后端无缺刻。头部沿吻棱、眼眶上缘、鼓膜前缘及上下颌缘有十分明显的黑色骨质棱或黑色线。头顶部明显下凹，皮肤与头骨紧密相连。前肢细长。指、趾略扁，末端色黑；指长顺序为 3、1、4、2；指关节下瘤多成对，外侧者大，内侧者略小，均为棕色。后肢短，胫跗关节前达肩后方，左右跟部不相遇；足短于胫；趾侧有缘膜，相连成半蹼，关节下瘤不明显；内跗突略大于外跗突。皮肤极粗糙，除头顶部无疣外，其余布满大小不等之圆形疣粒，疣粒上有黑点或刺；头两侧为长圆形之耳腺；近脊中线由头后至臀部有 2 纵行排列较规则的大疣粒。体大的黑眶蟾蜍腹面满布小棘。生活时体色变异较大，一般为黄棕色略具棕红色斑纹。雄性 1、2 指基部内侧有黑色婚垫，有单咽下内声囊。

三、生活习性

（一）栖息场所　蟾蜍属水陆两栖动物,喜湿、喜暗、喜暖。白天栖息于河边、草丛、砖石孔等阴暗潮湿的地方,傍晚到清晨常在塘边、沟沿、河岸、田边、菜园、路旁或房屋周围觅食,夜间和雨后最为活跃,在水池朝阳面的浅水区或岸边活动。穴居在泥土中,或栖于石下及草间;栖居草丛、石下或土洞中,黄昏爬出捕食。从春末至秋末,白天多潜伏在草丛和农作物间,或在住宅四周及旱地的石块下、土洞中,黄昏时常在路旁、草地上爬行觅食。行动缓慢笨拙,不善于跳跃、游泳,只能匍匐爬行。

（二）食性特征　白昼潜伏,晚上或雨天外出活动。主要以蜗牛、蛞蝓、蚂蚁、蚊子、孑孓、蝗虫、土蚕、金龟子、蝼蛄、蝇蛆及多种有趋光性的蛾蝶为食。

（三）冬眠习性　气温下降至10℃以下,钻入石洞、土穴中或潜入水底冬眠。气温回升到10℃以上结束冬眠,成蟾在水底泥土或烂草中冬眠。

四、繁殖习性

蟾蜍为雌雄异体,体外受精,变态前在水中生活,变态后主要在陆地生活。繁殖季节大多在春天,当水温达12℃以上,在静水或流动不大的溪边水草间抱对产卵。卵粒呈黑色,双行排列于卵袋里。

五、天　敌

蟾蜍的昆虫天敌有龙虱及其幼虫（水蜈蚣）、水斧虫、松藻虫等昆虫,主要危害蝌蚪及幼蟾蜍,防治方法是在放养前用生石灰（0.1千克/米^2）将天敌杀灭,在进水口安装网片,防止这些昆虫随水流进入池中。蟾蜍的鱼类天敌有鲶鱼、月鳢、乌鳢、鳜鱼、黄鳝等肉食性鱼类,蝌蚪、幼蟾蜍会被大量吞食,放养蟾蜍前彻底清池、消毒,杀死所有的凶猛鱼类,发现池中有凶猛鱼类时,及时捕杀。蟾蜍的爬行类天敌有蛇类、甲鱼、乌龟等,可用竹竿、铁叉将蛇打死,用猪肝、蚯蚓将甲鱼、乌龟诱钓出来。蟾蜍的鸟类天敌有苍鹭、翠鸟等,可扎制草人吓之。蟾蜍的哺乳类天敌主要是老鼠,可用鼠药、鼠夹、电子捕鼠器等清除。

第三节　蟾蜍的人工繁殖

一、选　种

蟾蜍在我国分布很广,全国各地区都有蟾蜍的分布,可从当地野外捕捉作种。选择个体大、发育良好、健壮、无残、无伤、无病的蟾蜍作为留种对象。另外也可收集卵块作种,将收集回的卵块放置在饲养池中进行人工孵化。孵化时应注意换水和人工调节光照,以保持水温在 10～30℃,可随着水温和气候的变化调节水深,也可以用塑料薄膜覆盖保温。经过人工培育,选取体大健壮、发育良好、行动活泼的蟾蜍作种,一般放养密度为每平方米 2～3 对。如有温室,也可秋季捕来于温室中越冬,等到翌年春暖后繁殖。

淮河流域每年 3 月下旬至 4 月下旬是蟾蜍的产卵盛期,苗种可用以下三种方法采集:

方法 1:在产卵季节的雨后到静水处寻找蟾蜍卵块(采集方法及注意事项参见第一章第四节蛙卵采集有关内容),捞回后放在养殖池中孵化,一般 3 天就可孵出小蝌蚪。但采用这种方法必须一次放足,否则孵化时间不一致,蝌蚪大小不一,影响成活率。

方法 2:在惊蛰后气温稳定在 10℃ 以上时,到野外潮湿的地方捕捉越冬蟾蜍,选择个体较大、健康强壮、无伤无病的作种用,按雌雄比 1∶1 放到产卵池中养殖,让其自然交配、产卵、受精。每天产的卵要收集另池存放,让其自然孵化。产完卵的亲蟾也要另池存放,没产的继续留产。

　　方法 3:到养殖单位购买选育的优良亲蟾,采用人工催产的方法,集中产卵和孵化。

二、雌雄鉴别

　　生殖季节,蟾蜍的雌雄较易鉴别,以中华大蟾蜍为例来说明蟾蜍的雌雄鉴别方法。雄蟾个体较小,背面呈黑绿色,体侧有浅色的斑纹,两前肢粗壮,最明显的是 3 指内侧近基部背面有黑色婚垫,无声囊。雌蟾个体较大,背面呈深乳黄色,腹面具乳黄色与棕色或黑色形成的花斑。具体鉴别见表 2-1。

表 2-1　雌雄蟾蜍的外形鉴别

部　　位	雄蟾蜍	雌蟾蜍
个体大小	个体较小	个体较大
背部颜色	黑绿色,体侧有浅色的斑纹	深乳黄色,瘰疣乳黄色
腹面颜色	腹面不光滑,乳黄色,有棕色或黑色的细花斑	乳黄色,有棕色或黑色的细花斑
前　　肢	粗壮	较细
婚　　垫	3 指内侧近基部背面有黑色婚垫	无婚垫
声　　囊	有	无
鸣　　叫	鸣叫	不鸣叫
皮　　肤	皮肤平滑,背部皮肤表面有较大的圆形微灰色瘤状突起,突起上无硬而黑的角质小斑点(或小刺)	皮肤较粗糙,背部皮肤表面有较小而较多的淡黄色瘤状突起,突起上有或多或少的硬而黑的角质小斑点(或小刺)

三、繁殖技术

（一）产卵　亲蟾每平方米放 2～3 对。刚孵出的小蝌蚪常吸附在卵袋或水草上，靠自身卵黄囊供给营养；2～3 天后，可吃水中藻类或其他饵料。养殖池提前 1 周施入少量发酵的猪、牛粪，繁殖浮游生物。蝌蚪入池后不能再泼撒粪尿，以免伤害小蝌蚪，池水应逐渐加深。水质太瘦可投喂些菜叶、鱼肠和猪牛血及淘米水或酵母粉，每天 1～2 次。经半个月培育，小蝌蚪体长达 3 厘米。

（二）孵化　在淮河流域，3 月下旬到 4 月下旬是蟾蜍产卵盛期。产卵季节可于雨后在静水处寻找蟾蜍卵袋，捞回在池中孵化，每平方米放 5 000 粒卵，温度 18～25℃，3 天就可孵化出小蝌蚪。此法必须选择同一天产的卵，并一次放足，否则孵化时间不一致，蝌蚪大小不一，影响成活率。

第四节　蟾蜍的饲养管理

一、蝌蚪的饲养管理

（一）放养前的准备工作

1. 蝌蚪培育池　规格以 3 米×3 米或 4 米×4 米为宜，也可建成圆形池。小型池便于操作，又适于蝌蚪在水池边缘活动的生活习性，可充分利用水池边缘的面积。为防止夜间水池断水干涸导致蝌蚪死亡，培育池的池底最好修成锅底形，且在池子中央修建一个深 30 厘米、直径 50 厘米的安全坑，内衬塑料薄膜，并用土和石块压实，防止灌水时被冲走。安全坑起到防断水干死和保温避寒的作用。

2. 蝌蚪培育池的清理与消毒　蝌蚪培育池的清理与消毒要在蝌蚪孵出前 10 天进行，主要做好蝌蚪培育池的防风、防雨、防日晒、防敌害、保温等工作,同时,将池内杂物等清理干净,放干池水,进行消毒。如果是大型土池或沟塘改建的蝌蚪培育池,不易更换池水时,可带水消毒。凡经消毒的蝌蚪培育池,要等毒性消失后方可注水并放养蝌蚪。注入水应是经日晒曝气后的净水,水温以 18～24℃ 为宜,水深 20～40 厘米,以缓流水为好。池内水中药物毒性是否消失,可放入少量蝌蚪进行 24 小时试养,如无异常情况,方可大量放养蝌蚪。

3. **浮游生物的培育**　如果具备培养浮游生物的培育池,可先在培育池内培养,待蝌蚪培育池放养蝌蚪后,可定时捞取浮游生物放入蝌蚪培育池喂养蝌蚪;如果没有浮游生物培育池,可直接在蝌蚪池内进行培育。方法是:在蝌蚪培育池消毒、注水后,施放发酵好的有机质粪肥,如牛粪、猪粪等,用量为每平方米水面 0.5～1 千克,为加快水质培肥速度,每平方米水面还可加施 5 克尿素和 4 克过磷酸钙,约 3 天后,池中即可有浮游生物生成,此时放入蝌蚪,可保证蝌蚪有充足的食物。如果是在原孵化池中培育蝌蚪,应在蝌蚪刚开始脱膜时,逐次少量地洒入晒干或腐熟的有机肥培肥水质,2～3 天后,水中浮游生物如硅藻、绿球藻、金藻等即可繁殖起来,此时正好供蝌蚪采食。

培肥水质养育浮游生物,要保持水质不被污染和具有一定的水溶氧量,以保证蝌蚪有一个良好的生长环境。放养前还要注意池中是否有大型枝角类生物生长,如果有应及时清除。

(二)饲　养

1. **开食**　刚孵出的蝌蚪 2～3 天后开始摄食,先以卵黄膜为食,然后采食浮游生物或动植物碎屑,除此之外,还可加入一些蛋黄。方法是:先将鸡蛋煮熟,剥出蛋黄,压碎后加少量水搅成稀糊状,撒入池内供蝌蚪采食。一般每 1 万尾蝌蚪 1 个蛋黄,随后可适量增加。经 5～7 天的摄食适应期,小蝌蚪的摄食能力和运动能力增强,可转入蝌蚪培育池饲养。

2. **放养密度** 合理的养殖密度和按日龄大小、体质强弱等分群,是饲养蝌蚪的关键,其直接影响到蝌蚪的生长发育。根据各种情况,如营养、日龄、气候、场地大小制定合理的饲养密度,有利于蝌蚪的生长发育,并可提高其成活率。一般饲养条件下,初放养蝌蚪每平方米水面 2 000～4 000 尾,20 日龄时 500～1 000 尾,30 日龄时 200 尾,变态过程中 100～150 尾。饲养条件好,水质肥,可适当增加饲养密度,反之则减少饲养密度。

3. **饵料投喂** 转入蝌蚪培育池中饲养的蝌蚪,主要采食浮游生物,除蝌蚪池中培育的浮游生物外,根据需要可加入由专门的浮游生物培育池中提供的小浮游生物。另外,也可加入一些动植物饲料粉,如鱼粉、蚯蚓粉、豆粉,以及玉米糊、切碎的嫩菜叶等。干粉饲料在投喂前要用温水浸泡,待吸水后才能饲喂,以免蝌蚪食后消化不良、胀肚或发酵胀气,致使蝌蚪死亡。喂配合饲料是在缺乏活饵料时,为保证全价营养,提高饲料利用率,降低饲料成本的一个有效方法。随着蝌蚪的生长发育,配合料中的动物性饲料可由 30%(10～30 日龄蝌蚪)增加到 60%(30～60 日龄蝌蚪)。另外,随着蝌蚪的长大,可投喂一些小蚯蚓、蝇蛆等活饵料。

投喂饲料一般每日 2 次,早晚各 1 次,也可少量多次,以增加蝌蚪的活动量,增强蝌蚪的体质,减少饲料浪费,提高饲料利用率。投喂料量一般为蝌蚪体重的 7%～10%。在浮游生物生长繁殖季节,如果水质肥,浮游生物繁殖快,数量多,此时,可根据情况减少投料量。蝌蚪在长出前肢后,尾部开始萎缩并作为营养被吸收,此时蝌蚪的摄食量减少,饲料投喂量也应减少。每次投喂料要注意观察蝌蚪采食情况,投喂 2 小时后,如剩余料过多,说明投喂量大,下次要减少投喂量;如没有剩余料,说明投喂量小,要适当增加投喂量。如果浮游生物等活饵料少时,也应加大投喂量,以保证蝌蚪摄取足够食物,正常发育。饲养过程中,要保证投喂饲料的质量,禁止投喂霉败变质的饲料,以防引起蝌蚪中毒。投喂料应放在饲料台上,这样既利于清除,又可减少水质污染。

4. 适时分群　根据蝌蚪的日龄大小和强弱进行合理分群也是蝌蚪正常生长发育的关键。因为蝌蚪有大欺小、弱肉强食的特点,所以最好将相同规格的蝌蚪放养在一起。一般在蝌蚪 20～30日龄时按大小、强弱分一次群,50～60 日龄时再分一次群。放养时,还应注意蝌蚪的日龄,最好是同一日龄的蝌蚪养在同一池内,以防争食和大吃小的现象发生,造成损失。如果在孵化池中续养蝌蚪,也要根据蝌蚪的日龄、大小进行分群饲养。

(三) 管　理

1. 保持适宜水温　水温是影响蝌蚪正常生长发育与变态的因素之一,适于蝌蚪生长发育的水温范围是 16～28℃,最适为18～24℃。水温适宜,蝌蚪活动力强,采食量大,利于生长发育,一般约 60 天即可由蝌蚪变态为幼蟾蜍。水温低于或高于以上温度范围,将影响其活动、摄食和发育变态。水温高至 35℃时,体弱或日龄小的蝌蚪将有零星死亡;水温达 37～38℃时,会大批死亡。控制水温的方法,一是保持水的流动性,流速不宜过大;二是缓慢注入新井水降温,但不要突然或大量注入低温水或将蝌蚪直接放入井水中,以防低温应激导致死亡。搭建遮阳棚,增加池内水草,加设增氧装置,也有利于池水降温,增强蝌蚪的生命力。如水温低,可建保温室,设置热源,或用薄膜覆盖,或注入日晒曝气的池水,以提高水温。总之,要保持水温在正常范围,以保证蝌蚪的良好发育。

2. 保持清洁水质　水质的好坏也直接影响蝌蚪的生长发育与成活率。首先,要保证池水中有足够的溶解氧,池水中的溶解氧应不低于 6 毫克/升。水体要求中性,pH 值在 6.5～7.5 之间,含盐量不高于 1％。另外,水质要肥,有一定数量的浮游生物,但也不可过多,以免影响水体溶氧量。为了保证良好的水质,非缓流水养殖时,要定时换水,尤其是在夏季,根据水质和气温情况,每周换水1~2次,每次换掉水体的1/3~1/2,所换水应为经日晒曝气过的水,同时放入一定量的浮游生物,或直接换入水质较好、富含浮游生物的浮游生物培养池的水,以保证水体富含食物。如果没有水生物培养池,水中也无浮游生物,要注意换水后增加活饵料、动植物粉料或配合料量。粉料要浸湿吸水后方可饲喂,以防蝌蚪采食过量,造成胀肚和消化不良。

3. 天敌防治　蝌蚪饲养池内不能有大型枝角类水生物生存,以防其争食,影响蝌蚪的摄食和增加耗料量。蝌蚪培育池附近不能有鸡、鸭及龟、蛇、鼠等,以防伤害蝌蚪。还要保证环境安静,防止蝌蚪因惊恐而影响发育和变态。

4. 每天巡池　蝌蚪期管理要每天巡池,注意检查蝌蚪培育池内的水温、水质、饵料、蝌蚪生活状态等。蝌蚪长时间漂浮水面、露头漂浮、不摄食、不游动,说明水质缺氧、变坏、水温低或蝌蚪染病,应及时采取有效措施进行处理,处理方法如增氧、换水、消毒等。另外,要经常清理漂浮杂物、死蝌蚪、喂饲的饵料等,以保证水质良好。

5. 变态期管理　蝌蚪从长出前肢至四肢形成、尾巴消失成为幼蟾蜍为止的过程即为变态。蝌蚪变态受季节、气候、水温、水质、饵料、饲养密度等因素的影响。此期间要加强管理,精心饲养。因为变成幼蟾蜍比变态前体重要减轻一半以上,而且变态时不采食,能量消耗大,如管理不善,幼蟾蜍体质不健壮,死亡率非常大。在变态期,既要防止干旱断水,又要防洪。变态期管理注意:一要保证变态池内有足够的水量,保持水温在28℃以下,避免高温使变态幼蟾蜍死亡;二要继续喂养,未进入变态期的蝌蚪需要继续摄取食物,必须供应足够的食物,提高动物性饲料比例,降低植物性饲料比例,并增加饲料投喂量,促进蝌蚪提前变态。此时,也应做好定期消毒和防范天敌的工作。

二、蟾蜍的饲养管理

蟾蜍养殖方式有三种：一是利用水沟、池塘精养，每平方米水面放幼蟾 40～50 只；二是在玉米田、棉花田、稻田及菜地粗养，以自行捕食为主，不另投饵，每 1 000 米^2 放幼蟾 800～1 000 只；三是在果园、花卉苗圃园中每 1 000 米^2 放幼蟾 1 000～1 200 只。

蟾蜍喜食蜗牛、蚂蚁、蜘蛛、蝗虫、蝼蛄、蚊虫、叶蝉、金龟子、蜻蜓、隐翅虫等及螺、小虾等水生动物与藻类。幼蟾生长快，食量大，为扩大食物来源可采用以下方法：一是在养殖场上空装黑光灯，晚上开灯诱虫；二是将畜禽粪堆积在养殖池陆地上一角，让其自行诱集与孳生虫子，供蟾蜍捕食；三是寻挖蚯蚓或配套养殖蚯蚓；四是在无农药处理过的厕所里捞取蝇蛆，冲洗干净消毒后投喂；五是在果园或花卉苗圃中，将杂草与粪便堆积在树下，繁衍虫类供食用。如果饵料仍不足时，可用 30％饼粕类，40％屠宰下脚料，25％麸皮，5％大豆粉做成含蛋白质 30％以上的配合饲料驯食投喂。

夏秋季应根据池塘水色变化及时灌注新水，保持水质清爽。果园里或旱作物田内挖 2 米^2 的坑若干个，保持水深 15～20 厘米，供蟾蜍沐浴。作物收获时，将蟾蜍一同捕起，放在池内养殖待售或者取酥加工。霜降后，气温降到 10℃ 以下，蟾蜍隐蔽在土中或钻入洞穴中，也有在池塘深水处集群冬眠。越冬期间，池塘要保持一定水位；陆地上洞穴要覆盖柴草保温。次年惊蛰水温回升到 10℃ 以上时，蟾蜍开始醒眠、活动、觅食，这时应抓紧投喂。

幼蟾蜍的饲养管理是指完全变态后幼蟾蜍的培育过程。幼蟾蜍营水陆两栖生活，大约需要 16 个月的时间才能发育为成熟蟾蜍。

（一）养殖设施建造　蟾蜍池多为土池或者池塘。其建造要求见牛蛙养殖场的建造。清洁、消毒参见本节蝌蚪的饲养管理部分。放养幼蟾蜍前，池内要种养水草，如水葫芦、浮萍等，以供幼蟾蜍水中栖息，也要培养一些浮游生物，如藻、水蚤等。

陆地活动场所可种植树木、农作物或蔬菜。夏季搭建遮阳棚，可建造一些带有孔洞的假石山，并设置诱虫灯。

（二）放　养

1. 分池放养　根据蟾蜍大小分类，分池放养。同样大小的蟾蜍，要放养在同一养殖池中。

2. 密度　刚变态的幼蟾蜍，每平方米水面放养 100～150 只；30 日龄左右的幼蟾蜍，每平方米放养 80～100 只；50 日龄左右的幼蟾蜍，每平方米放养 60～80 只；50 日龄以上的幼蟾蜍，每平方米放养 30～40 只。

3. 放养方法　将蟾蜍放在池边，让其自行爬入水中。不能倾倒，以免造成伤亡。

（三）投　饵

1. 蟾蜍食性特点　蟾蜍开始摄食时，以活饵料如蝇蛆、黄粉虫幼虫、小鱼、小虾类等为主。昆虫是蟾蜍的理想饵料，可通过培育或诱捕方法获得。蟾蜍长到 15～20 克重时，可摄食小杂鱼、虾等鲜活食物。以后，也可摄食泥鳅等大动物。经过食性驯化的幼蟾蜍，也可摄食静态饵料如动物内脏、肉及人工配合饵料。

2. 日投饵量　应根据具体情况酌情掌握，以每次投入的饵料吃完为宜。一般为蟾蜍体重的 10% 左右，不超过 15%。刚变态的蟾蜍宜多投喂活饵，然后逐渐减少活饵的投喂而相应增加死饵的投喂。1 月龄蟾蜍，活饵与死饵的投喂比例为 2∶1；1.5 月龄，活饵与死饵各一半；2 月龄，活饵与死饵之比为 1∶2；2.5 月龄可以全部投喂死饵。当然，如有条件最好投喂活饵。

3. 投饵时间　每日投饵 1～2 次。投饵 1 次宜在下午 4 时，投饵 2 次则于上午 9 时、下午 4 时各 1 次。

4. 投饵位置　饵料必须投喂在固定位置的饵料台内。饵料台的安装数目应根据蟾蜍数量而定，一般每个饵料台可供 50～100 只蟾蜍摄食。饵料台可用木板钉成长 120 厘米、宽 80 厘米、高 8 厘米左右的框架,其底部用 40 目/厘米^2 的塑料网纱钉紧,底部浸入水中 2～5 厘米。饵料台也可以固定在蟾蜍池的岸边或陆地,供投喂怕水的动物性活饵料。

(四)蟾蜍的食性驯化

1. **驯食方法**

(1)活饵诱食驯食法　先将小活杂鱼(体长 2 厘米以内)放入饵料台,饵料台底的窗纱浸入水中大约 2 厘米,使小杂鱼不会死去,又不能自由游动,只能横卧蹦跳。投喂小活杂鱼 1～2 天后,可将鸡、鸭、鱼等的肉、内脏切成条状(大小以蟾蜍能吞食为度),混在活饵中投喂。活饵料每天减少 1/10,死饵料增加 1/10,5～7 天后,加入配合颗粒料,每次加料量为死饵料的 1/5。也可用蝇蛆、黄粉虫幼虫、蚯蚓作为引诱的活饵,但饵料台底最好紧贴水面而不进水。为增强引诱效果,可手握一根钓竿,钓线下端绑上动物肉或内脏,每天定时在饵料台附近水面上 15 厘米处上下左右移动,以引诱幼蟾蜍争食。

(2)机械驯食法　如无活饵料,可在饵料台上方安装一条水管,让水一滴一滴地滴在饵料台上。水的振动使台中死饵料随之振动,蟾蜍误认为是活饵而群起抢食。形成习惯后,不滴水蟾蜍也会进入饵料台采食。

(3)颗粒饵料直接投喂法　将颗粒饵料慢慢扔到饵料台的塑料纱底(不进水)上,颗粒饵料落下弹起,可引诱蟾蜍摄食;或将膨化颗粒饵料撒在浅水处,由于蟾蜍的跳动等造成水面波动,浮于水面的颗粒饵料也随之波动,可引诱幼蟾蜍摄食。

(4)投喂蚕蛹干法　将蚕蛹干放在温水中泡软。在蟾蜍池边架设一块斜放的木板,伸入池中,往木板上端投放蚕蛹,使蚕蛹沿木板缓缓滑入池水中,引诱幼蟾蜍捕食。

2. **注意事项**　①对变态后的幼蟾蜍投喂 1～2 天活饵后,即应开始驯食;②驯食应定时、定位;③适当增加养殖密度,增强竞食性;④驯食要循序渐进,少量多次。

(五)及时分级、分池管理 在蟾蜍饲养管理过程中,每隔一段时间应按大小对蟾蜍分级,在不同的池中放养。同时应根据蟾蜍的大小,采用不同的放养密度。

(六)控制水温、水质和湿度

1. 水温 蟾蜍生长发育最适宜的水温为 23～30℃。注意调整水温,方法同蝌蚪期。

2. 水质 同蝌蚪期管理。

3. 湿度 要保持蟾蜍登陆栖息的陆地湿润和较高的空气湿度。种植花草、作物等,以利于增加湿度。

(七)换水和控制水位 一般每隔 1～2 天换 1 次水,每次换水 5～10 厘米深。池水可由 0.3～0.4 米逐渐加深至 0.5～0.8 米。此外,要防敌害和逃跑,及时清理死蟾蜍,观察蟾蜍的摄食情况,发现疾病及时治疗。保证养殖区安静,做好蟾蜍的越冬管理。

(八)蟾蜍人工养殖越冬技术 随着上海、广州等地对蟾蜍肉食用量的增加,特别是近几年又开发出蟾衣、蟾酥等中药材的一些新用途后,市场对蟾蜍的需求量急剧增加。为满足社会需求,保护野生蟾蜍资源,我国一些具有超前意识的养殖场已开始进行蟾蜍人工饲养技术的研究,并在其关键性技术——越冬技术上取得了成功。如浙江省海宁市袁花科协的科技人员不仅可使蟾蜍安全越冬,而且可在蟾蜍越冬后马上开始蜕蟾衣及采酥工作。

1. 秋季强化饲养 由于蟾蜍属变温动物,每年深秋到翌年初春为冬眠期,如秋季食物缺乏,营养没跟上,往往导致开春后蟾蜍因体力不支而死亡。蟾蜍喜食活动的食物,而对静止的东西视而不见。因此,应在每年 10 月份,用豆渣和猪、羊血各半混合后放入器皿中,让其自然发酵,引来飞蝇产卵,5～6 天后蛆虫大量孵出并爬出器皿外,任蟾蜍自行摄食。同时,可于晚上在养殖场上空开亮几盏灯引诱昆虫集聚,由蟾蜍取食,补充饵料,使其越冬前健壮。

2. **越冬保护**　每年 11 月份前后,水温 10～12℃,蟾蜍即进入冬眠期,不吃不喝,行动缓慢。此时原本在旱地上活动的蟾蜍,要入水越冬了。水下越冬措施主要有以下几种:

(1)室外越冬　越冬前在饲养场中间或周边地带开挖几条水沟,水沟总面积占场地面积的 10%～20%,沟内蓄水 30～100 厘米深,北方宜深些。每平方米水面放养 10～30 只蟾蜍。严冬季节如发现结冰,应及时将冰面打破,以利氧气溶入水中,不因冰封而导致水下蟾蜍窒息死亡。

(2)室内越冬　可用缸、盆、桶加水 20 厘米深,然后放入蟾蜍。室内越冬要防止室温过高,导致蟾蜍冬眠不足,保持水温在 1～8℃为宜。

(3)塑料大棚越冬　越冬时保持棚内气温在 1～10℃即可。晴好天气中午棚内温度过高,要注意及时通风换气。

不管室外、室内还是大棚越冬,要防止养殖池漏水,管理中要定时检查,发现漏水的要及时补水;如不漏水,且水不变质的,整个冬天不必换水。

越冬蟾蜍入水前,应对池水及蟾蜍用 1 毫克/千克漂白粉溶液喷洒消毒 1 次,以防病菌侵染。越冬时还要防止水老鼠、水獭等敌害生物偷吃蟾蜍。春天来临,日平均气温上升到 10℃以上时,蟾蜍即自行交配产卵于水中。此时,应用网把卵粒捞出来,放入孵化池中孵化。同时越冬蟾蜍也陆续爬上岸寻食,越冬结束。

第五节　蟾蜍药材采收加工与利用

一、蟾蜍的采收

蟾蜍除繁殖季节以外,四季均可采收,以立夏到秋分捕捉蟾蜍为宜。捕捉蟾蜍,多在夜晚进行,可用灯光诱捕。少量捕获时也可在黄昏和晚上进行，用手电筒照射蟾蜍的眼睛，蟾蜍受强光刺激就会静止不动，可用网迅速捕捉之；大量捕捉时，可拉网或将池水放干，用捞网逐一捕捉。运输时，可用木箱、竹篓、泡沫箱等容器来装，先洗净消毒，放少量水草，再装入蟾蜍、留1/3空间，不拥挤，不重叠，途中每隔2小时洒1次水，保持湿润。

二、蟾酥的采收与加工

（一）蟾酥的采收

1. 采收时间　蟾蜍每年4月开始繁殖，小蟾蜍第二年就可以取酥，一般4至8月份进行捕捉。作为刮浆蟾蜍，在出蛰后经10～15天的恢复期，即可进行浆液的采收，一直到冬眠前15～30天停止采浆，以利于蟾蜍进行体能储备而越冬。因此，浆液采收时间一般在春季到秋季之间，采浆的高峰期为6～7月份，在采收季节里，一般每2周采浆1次。

2. 采收用具　包括铜制或铝制的夹钳、竹片、瓷盆或瓷盘，80目的铜筛和120目的铜筛各1个、玻璃板1块。另外，还应备好手套、口罩、眼镜等个人防护用品，以防采浆时浆液飞溅进入眼鼻，引起肿痛。如操作不慎使浆液进入眼鼻，可用煎好的紫草水清洗，也可用甘草、白芨片各30克，煮浓汁内服。

3. 采收部位　蟾蜍浆液最多的部位是紧靠耳后的1对扁圆形大疣粒，即常称的"耳后腺"（雌、雄蟾蜍均有）；其次是背部的皮肤腺瘤状突起。采浆时，一般先采收耳后腺的浆液，然后才是皮肤腺，以免蟾蜍挣扎喷溅较多的浆液，造成损失。

4. 采收方法　采集蟾酥有挤浆和刮浆2种方法。

（1）挤浆法　在挤浆前，应将捕到的蟾蜍体表洗净，风干或晾干。将蟾蜍用清水冲洗干净，取酥时，左手大拇指放在蟾蜍颈部，食指和中指握住其前肢，无名指和小指握住其后肢，使其耳后腺及皮肤腺充满浆液，并将其头部放入适当的玻璃容器口内，右手用竹夹夹其耳后腺 1～2 次,即可挤出白色的蟾酥浆液。注意挤夹时动作要轻而快,用力适当。因为用力小,采酥量少;用力大,则可能造成出血,不但影响蟾酥质量,而且对蟾蜍损伤较大,容易感染而导致发炎,甚至引起死亡。这样不仅影响了蟾酥的质量,同时也影响到第二次采集。一般每个腺体夹挤 2～3 次即可。

(2)刮浆法　对蟾蜍的清洗、保定与挤浆法相同,只是不用竹夹夹,而用自制的竹板刮刀在蟾蜍耳后腺上适当用力,刮取蟾蜍的耳后腺和皮肤腺的浆液,由后向前刮取 2～3 次即可,其操作方法同挤浆法。

为了使蟾蜍能够分泌较多的浆液,在挤浆前,可轻击或用竹签刺痛其头部,也可用辛辣物质如蒜、辣椒捣碎放入其口中,还可用 75%酒精涂搽耳后腺和皮肤腺等以刺激其分泌浆液,无论采取什么方法,均以不损伤蟾蜍为宜,以保证浆液的持续生产。采浆后的蟾蜍切勿直接放入水中,以防腺体伤口发炎,造成死亡。要将其放在遮阴干燥的地方,加强饲养管理,待恢复 2～3 天后,方可进入潮湿、有水的环境。3 000 只蟾蜍可刮取浆液 1 千克,以新鲜洁白、浆粒微黄、油亮发光、黏性大为佳。

(二)蟾酥的加工　采完蟾蜍后要进行加工,过程很简单。方法是:将刮取的浆液放置瓷盆内,用 80 目铜筛过滤,再用 120 目铜筛,在筛的反面刮下干净浆液,均匀地涂在玻璃板上,厚度 3～4 毫米,晒干或烘干,即成片酥;如遇气候干燥时,可将凝结的浆液用竹片刮到干净的白布上,集中起来用手捏成团块,晒干即成团酥,也叫块酥。加工方法不同,形状就不同。加工蟾酥时若遇到雨天,可在特制的炕上烘干。没有烘炕时,也可以放在 60 瓦的灯泡下烘干。不论加工成什么形状,烘烤时火都不宜太大,以表面不起泡为原则,否则不能作为药用。新鲜蟾酥的浆液以白净、浆粒微黄、表面光亮、黏性大、弹性强者为质量最佳。团块状者质坚,不易折断,断面棕褐色,角质状,微有光泽为佳;片状者质脆易碎,断面红棕色,半透明、气微腥,以红棕色,断面角质状,半透明,有光泽者为佳。

（三）注意事项

其一,由于蟾酥本身具有一定的毒性,加工时最好戴上口罩、眼镜和手套,防止蟾酥浆液飞溅进眼睛或吸入鼻腔引起肿痛。如果操作不慎,使蟾酥进入眼睛或鼻腔,可立即用紫草煎水清洗。

其二,蟾酥中含有多糖,遇铁质器具后容易变黑,影响质量。因此,在整个取酥操作和加工过程中,切忌与铁器接触,否则变青色而不能用。

其三,如捕到耳后腺空瘪的,系已刮过浆的蟾蜍,应随即放开,以利繁殖。

其四,采浆后的蟾蜍要及时释放,但不得直接放入水中,最好放在干滩或干地上,以免伤口发炎,引起死亡。加工后的蟾酥系剧毒物品,应妥善保管。

其五,所用的工具设备要冲洗干净,以防杂物渗入,影响成品质量。

三、蟾衣的采收与加工

蟾蜍每年都脱衣 1～2 次,脱 1 次衣长大 1 次,脱衣时边脱边吃,脱完即吃光。蟾衣很难采集到的原因就在于此。一般清明以后,蟾蜍陆续上岸觅食繁殖,芒种以后是蟾衣最佳采集期,因为从上岸到芒种,已基本完成了繁殖、休整、补食期,气温已达到 25℃以上,蚯蚓昆虫已大量繁殖,食源广泛,蟾体健壮,应立即着手准备采集蟾衣的具体工作。

（一）蟾蜍采衣准备工作

1. 蟾蜍及场地选择 选择无明显脱衣花纹,四肢齐全,健壮无病,体重在 80～100 克的蟾蜍进行脱衣。

场地应选择通风、透光、透气、便于排水的地方建池。避免日晒与雨淋,附近最好有充足的水源。脱衣时间以 4～10 月份为宜,且以 6～9 月份最佳,过早脱衣多不完整,一般在下半夜进行(即凌晨 1～5 时),或者连续几天晴好后,有雷阵雨前为最多。脱衣适宜温度为 25～32℃,整个脱衣过程一般在 5 分钟左右。采衣在池水中进行,小池以 120 厘米×90 厘米×40 厘米为适宜,过大过高属于浪费,过小则分不清哪只蟾蜍在脱衣。

2. **药物配方**

1 号药:马钱子 0.5 克,麻黄、款冬花、木通、佛手、槟榔、陈皮、甘草、干姜各 5 克,加冷开水 1 千克,浸泡 48 小时。

2 号药:桑寄生、白屈菜、仙鹤草、远志、青风藤、白芷、黄芪、细辛各 10 克,加冷开水 0.5 千克,浸泡 48 小时。

(二)脱衣方法

1. **室外脱衣**　小池底部设 2～4 厘米斜面,在一低角落处留 1 个水孔。池内保持湿润,每天视天气与池内湿度情况,喷水 2～5 次。池内必须绝对光滑,并于每日早晨打扫干净小池。小池地面如是水泥面,应在建池半个月后才能放入蟾蜍。药物脱衣用细喷壶喷极少量 1 号药物于干燥的蟾蜍背上;1 小时后,再用棉球蘸 2 号药液于蟾蜍口上,在用药后 4～10 天即可全部脱衣。

如遇蟾衣部分缺少,应在水中取其他蟾蜍碎衣补齐达到完整。如有条件应将蟾衣放入红外线消毒柜中消毒。

2. **室内脱衣**　可采取人工加温的办法。捕捉来的蟾蜍应散放,不宜长时间闷在袋子等物品中,对脱衣的蟾蜍不要喂任何食物,应保持养殖池地面温度,每天喷 2 次水。

(1)在室内用玻璃围成长 2.5 米、宽 1.5 米、高 5 米脱衣池 3～5 个。池底水泥抹光,有一定坡度。每池都设有下水道,以便于冲洗,池上方安有照明设备,用于夜间操作。

(2)将养殖池内 80 克以上、四肢齐全、腹背无伤痕的蟾蜍放入脱衣池内,用清水冲洗其身上的泥土灰尘,水分干后喷"脱衣素"。一般喷脱衣素后 100 小时即 4 天开始脱衣。

（3）脱衣前要时刻观察蟾蜍变化，一般要脱衣时表现有离群，单独停留，反应迟钝，外表变湿发亮等，出现上述情况，10 分钟左右即开始脱衣。

（4）蟾蜍脱衣时，一般先从背上开始，其后是头、后腿、腹部、前腿。当脱完 3 条腿时，其他部分都已脱完，还有一条前腿没脱完时，立即用手把它抓起来，轻轻将剩余部分拉下，并将其口扒开，将已吃进但还没有来得及咽下的部分一起轻取出来，即是一个完整的蟾衣。

（5）刚脱下的蟾衣有黏液，应立即用清水轻轻漂洗干净，然后用不锈钢镊子把蟾衣放在事先准备好的 25 厘米长、12 厘米宽的玻璃上，轻轻拉开成标本模样，拉标本时用力要轻，不要拉破或拉不开，否则影响商品质量。整理好后，放在室内晾干，或放入红外线消毒柜中烘干，一般九成干即为成品，经包装密封保存或出售。

（6）脱过衣的蟾蜍在另一个池内放 2 小时，待身上干后刮取蟾酥或放回养殖池内，如食料充足，饲养得法，到秋天或冬眠前可再取其衣，但已脱衣的短期内不能再取衣，因不足 4 个月再脱的衣很薄，药用价值不大，而且很难整理成型，没有商品价值。

四、干蟾的采收与加工

将捕来的蟾蜍用清水洗净，除去内脏并连同下颚及腹部一并去掉，洗净血污后用竹片撑开，在阳光下晒干或用烘箱烘干，即成干蟾。药材呈干瘪状，四肢完整，背面黑褐色并有瘰疣，腹面土褐色并有黑斑、气腥。制成的干蟾应放置在密闭室内并用硫黄熏，以防发臭、生虫，放入瓦罐或大瓶子保存。

五、蟾蜍药用选方

蟾蜍多用于治疗肺癌、肝癌、胃肠癌等，疗效较好。蟾蜍宜炭火烤焦、水煎，烧干蟾治疗肿瘤出血、淋巴转移癌、皮下转移癌、恶性淋巴瘤及癌性腹水等方面也有明显疗效。

(一)治一切疮肿、痈疽、瘰疬等疾,经月不瘥,将作冷瘘　蟾蜍一枚(去头用),石硫黄(别研)、乳香(别研)、木香、桂(去粗皮)各半两,露蜂房一枚(烧灰用)。上六味,捣碎为末,用清油一两,调药末,入瓷碗盛,于铫子内重汤熬,不住手搅,令成膏,绢上摊贴之。候清水出,更换新药,疮患甚者,厚摊药贴之。(《圣济总录》蟾蜍膏)

(二)治发背肿毒未成　活蟾一个,系放疮上半日,蟾必昏愦,再易一个,如前法,其蟾必跟将;再易一个,其蟾如旧,则毒散矣。若势重者,以活蟾一个,或二三个,被开连肚乘热合疮上,不久必臭不可闻,再易二三次即愈。(《医林集要》)

(三)治早期瘰疽　蟾蜍,将其腹切开一个1厘米创口,不去内脏,放入少许红糖。将患指伸入其腹内,经两小时后,可另换一只蟾蜍,共用十只左右可愈。治其他炎症也有效。(广西名中草药新医疗法处方集》)

(四)治疔毒　蟾蜍一个,黑胡椒七粒,鲜姜一片。将上药装入蟾蜍腹内,再放砂锅或瓦罐内,慢火烧焦研细末。每次五厘,日服二次。(《吉林中草药》)

(五)治胸壁结核和淋巴结结核破溃成漏孔　蟾蜍一个,白胡椒三钱,硫黄二钱。先将胡椒、硫黄塞入蟾蜍腹内,后用黄泥包裹蟾蜍厚约一二寸,火内煨透,取出去泥,研细末,香油调成糊状,灭菌后,涂于无菌纱布条放入漏孔内,外盖纱布,每二至四天换药一次。(《中草药新医疗法资料选编》)

(六)治气臌　大蟾蟆一个,砂仁不拘多少。为末,将砂仁装入蟆内令满,缝口,用泥周身封固,炭火煅红,候冷,将蟆研末,作三服,陈皮汤送下。(《绛囊撮要》蟾砂散)

(七)治腹中冷癖,水谷阴结,心下停痰,两胁痞满,按之鸣转,逆害饮食　大蟾蜍一枚(去皮及腹中物,支解之),芒硝(大人一升,中人七合,瘦弱人五合)。以水六升,煮取四开,一服一升,一服后,

未得下，更一升；得下则九日十日一作。(《补缺肘后方》)

(八)治破伤风　虾蟆二两半，切烂如泥，入花椒一两，同酒炒热，再入酒二盏半温热，去渣服之，通身汗出效。(《奇效良方》)

(九)治五疳八痢，面黄肌瘦，好食泥土，不思乳食　大干蟾蜍一枚(烧存性)，皂角(去皮、弦，烧存性)一钱，蛤粉(水飞)三钱，麝香一钱。为末，糊丸粟米大。每次饮下三四十丸，日二服。(《全婴方论》五府保童丸)

(十)治小儿疳瘦成癖几危者　蟾蜍去头皮脏腑，以桑叶包裹，外加厚纸再裹，火内煅熟，口啖二支，十余日愈。若口混，咽梨汁解之。(《本草蒙筌》)

(十一)治大肠痔疾　蟾蜍一个，以砖砌四方，安于内，泥住，火煅存性，为末；以猪广肠一截，扎定两头，煮熟切碎，蘸蟾末食之，如此三四次。(《本草纲目》)

(十二)治小儿走马疳，牙臭烂，侵蚀唇鼻，亦治身上肥疮　蚵皮(黄纸裹，煨焦)、黄连各末一两，青黛一钱。为末，入麝香少许研和。先以甘草汤统去皮，令血出涂之。疮干好麻油调，湿则干用。(《全婴万论》蟾酥散)

(十三)治癣　干蟾蜍烧灰，以猪脂和涂之。(《僧深集方》)

(十四)治舌口生疮　胆矾一分，干蟾一分(炙)。上研为末，每取小豆大撒在疮上，良久，用新汲水五升漱，水尽为度。(《圣惠方》蟾矾散)

(十五)治疗白喉　取活蟾蜍约170克，明矾33克，同放在石臼内春烂，用纱布包裹成长方形(5厘米×10厘米)，置于患者前颈，绷带固定。患者即有清凉舒适感，经4～5小时喉部分泌物减少。重症患者4～6小时更换1次，轻症6～10小时更换1次，经20小时后即感咽喉部湿润舒适，吞咽便利。一般重症更换5～6次，轻症3～4次，即可见症状减轻或痊愈。治疗13例白喉患者，咽涂片找到白喉杆菌者9例。治后退热时间为18～50小时，局部症状消失时间为 14～52 小时。所治病例未有气管切开及其他并发症者。

（十六）治疗慢性气管炎

方一：取活蟾蜍去头、皮和内脏，焙干研末；另以猪胆汁浓缩液与面粉等量混合，低温炒松研末。按 7∶3 的比例将蟾蜍粉与猪胆面粉混合均匀，装入胶囊。每次 5 分，每日 3 次，饭后送服。10 天为一疗程，共两个疗程。观察 372 例，病型以单纯型为主，中医分型以虚寒型占多数。服药后止咳、祛痰、平喘的有效率达 80％以上。一般在 3 天内开始见效。据重点病例观察，治疗前白细胞增高、肺部有干湿性啰音者，治疗后白细胞恢复正常，肺部体征明显改善。

方二：用冬眠期蟾蜍 1 只，白矾 3 钱，大枣 1 枚。将白矾、大枣塞入蟾蜍口内，阴干焙黄，研细末，用水泛丸，如绿豆大，以代赭石末为衣，或将药末装入胶囊，每粒（或胶囊）0.5 克，成人每日 3～6 克，一次或分次用温开水送服，连服 30 天。共治 2 364 例，近期控制 361 例（15.3％），显效 651 例（27.5％），好转 908 例（38.4％），无效 444 例（18.8％）。总有效率为 81.2％。冬春季服药的疗效较夏季明显，单纯型与喘息型两者无显著差异。

（十七）治疗炭疽病　用干蟾蜍 1 只，加水 300 毫升，煎至 200 毫升，冷却后顿服；或以活蟾蜍 1 只，去净内脏，捣成糜状，开水冲服；或用蟾蜍 1 只去内脏洗净，配合白菊花 25 克，水煎当茶饮，或将蟾蜍、白菊花药渣外敷皮肤炭疽溃疡处。亦可配合金黄散（成药）水调，经常涂抹水肿处。用上述内服外敷法治疗皮肤炭疽 26 例，肺炭疽 3 例，肠炭疽 1 例；其中有全身中毒症状者 18 例，涂片查炭疽杆菌阳性者 14 例，均获痊愈。

（十八）治疗恶性肿瘤　将活蟾蜍晒干后烤酥研细末，过筛，和面粉糊做成黄豆粒大的小丸。面粉与蟾蜍粉之比为 1∶3。每 100 丸用雄黄 5 分为衣。成人每次 5～7 丸，口服 3 次，饭后开水送下，过量时可有恶心、头晕感。经治 22 例胃癌、膀胱癌、肝癌患者,病情皆有好转。

(十九)治疗腹水 取新鲜活蟾蜍杀死后(内脏不去)置瓦上烘干,研成细末,贮于密闭瓶内备用。成人每日口服 1 次,每次 2 克,体弱妇幼酌减。10 次一疗程,一般可进行两个疗程,如无效不必续服。治程中如血压逐步下降,亦应考虑停药。治疗期间每日食量不超过 2 克。共治血吸虫病腹水 6 例,其中 4 例治后腹水减少,大大缩短了脾脏切除手术前的准备时间,手术后均无并发症;另 2 例治后腹水亦有好转。用药后除血压均有不同程度下降外,体温、脉搏等未见变化。本法对血压过低(收缩压在 11.96 千帕以下)及肝肾功能过差的患者不宜使用。另有用砂仁 7 粒塞入蟾蜍(青蛙)嘴里(活蟾蜍须将嘴缝上以免砂仁吐出),然后用黄泥将蟾蜍裹好,置火上烤干后去掉黄泥,将蟾蜍研成细粉。每日服 1 个蟾蜍,分 2 次用黄酒 30 毫升冲服,7 天为一疗程,一般服一疗程即可。治疗肾炎腹水 10 例,9 例有显著疗效,其中 2 例肾功能有所改善。一般用药后第二天尿量即增加,服至 7 天腹水即基本消失。

(二十)治疗麻风 蟾蜍与苍耳草配合服用,据 31 例观察,具有一定疗效。

第三章　牛蛙的养殖

第一节　牛蛙的经济价值

牛蛙（*Rana catesbeiana*），两栖纲、无尾目、蛙科中的大型种类，别名：田鸡、蛤士蟆、喧蛙、食用蛙，体重可超过 1 千克。牛蛙原产于北美洲，因其鸣叫声洪亮酷似牛叫，故名牛蛙。世界上食用牛蛙起源法国，后传入北美洲诸国。牛蛙养殖最早是 19 世纪末在美国东部及加利福尼亚州兴起的，目前几乎遍及世界各地。我国牛蛙养殖始于 20 世纪 30 年代。牛蛙的营养价值非常高，味道鲜美，肉质洁白细嫩，其肉不但含有 8 种很高的人体必需氨基酸，而且胆固醇含量极低。每 100 克牛蛙肉中含蛋白质 19.9 克，脂肪 0.3 克，胆固醇含量低于猪、牛、鸡等，干物质含蛋白质比牛肉高，是一种高蛋白质、低脂肪、低胆固醇营养食品，倍受人们的喜爱。牛蛙肌肉蛋白质的各种氨基酸的含量见表 3-1。

牛蛙肉性平、味甘，胆性寒，具有活血消积，消热解毒、补虚、止咳之功效。消化功能差、胃酸过多以及体质弱的人可以用来滋补身体。医学上认为：人（尤其是妇女）忌口之时，食用蛙肉能开胃，牛蛙可以促进人体气血旺盛，精力充沛，滋阴壮阳，有养心安神补气之功效，有利于病人的康复。另外，其常用来治疗的心原性或肾脏性水肿、咽喉糜烂或轻症白喉、热疮和疥疮、水肿等。牛蛙肉食用适宜人群：神经衰弱、水肿、心血管疾病、动脉硬化患者；不适宜人群：脾虚、腹泻、咳嗽、虚弱畏寒者。

表 3-1 牛蛙肌肉蛋白质的各种氨基酸的含量 （毫克/100 毫克干物质）

氨基酸种类	含 量	氨基酸种类	含 量
天门冬氨酸（ASP）	9.59	亮氨酸（LFU）	7.81
苏氨酸（THR）	4.17	酪氨酸（TYR）	3.27
丝氨酸（SER）	4.07	苯丙氨酸（PHE）	2.91
谷氨酸（GLU）	17.58	赖氨酸（LYS）	8.19
甘氨酸（GLY）	5.14	精氨酸（ARG）	5.41
丙氨酸（ALA）	5.14	组氨酸（HIS）	2.57
胱氨酸（CYS）	2.75	色氨酸（TRP）	1.23
缬氨酸（VAL）	3.53	脯氨酸（PRO）	微量
蛋氨酸（MET）	2.90	合 计	91.13
异亮氨酸（ILE）	4.87		

（引自徐桂耀《牛蛙养殖》）

牛蛙的内脏及其下脚料含有丰富的蛋白质，经水解可生成复合氨基酸。其中，精氨酸含量较高，是良好的食品添加剂和滋补品。水解的复合氨基酸，经分离提纯，可用于医药、化妆工业。牛蛙的内分泌系统分泌的各种激素，经提取可用于医药、工业生产和科学研究，如脑垂体激素用作鱼类、两栖类的人工催产剂，利于人工繁殖。牛蛙的胃腺、肠腺及胰腺含有丰富的消化酶，尤其是水解蛋白质的酶类含量高，可提取利用。牛蛙的胆汁提取、加工后可作药用。蛙油可制作高级润滑油，用于航天航空业。

牛蛙的皮质地坚厚、柔软、光滑，富有弹性，且具有绚丽多彩的花纹，可制作高级皮革，用作钱包、手套、皮带、领带、皮鞋等皮制品的上等原料。蛙皮提炼加工成皮胶，可作珠宝、钻石等装饰品的黏合剂。

用牛蛙的副产品（头、内脏）干燥做成混合饲料喂鸡，可增加产蛋率。

牛蛙和其他蛙类一样，都以农业害虫为主食。100 只牛蛙，可以基本消灭 500 千米范围以内的害虫。1 只牛蛙 1 年平均能捕食 1 万多只害虫。1 只蝌蚪 1 天最多吃掉 100 多只孑孓(蚊子幼虫)。利用牛蛙治虫,不仅能有效地防治有害昆虫和减轻对农作物的危害,而且能大大减少农药的用量。

第二节　牛蛙养殖发展前景

　　牛蛙的人工养殖只有一百多年的历史。19 世纪末,牛蛙养殖始于美国东部加利福尼亚州;1899 年,逐渐移至美国西部及檀香山群岛;20 世纪初,又移入墨西哥、古巴及日本;之后又进入我国台湾省和大陆地区,以及欧洲、东南亚等国家,目前几乎遍及世界各地。因为国际市场上每年的牛蛙肉消费量增长很快,所以很多国外政府大力发展牛蛙养殖业。如美国、法国、印度、泰国、新加坡、菲律宾、巴西、日本都有专门的牛蛙养殖公司和养殖场。印度养殖牛蛙的总产值非常可观,早在 1985 年蛙腿出口量达 667 吨之多。巴西也是牛蛙养殖大国,该国政府组织专业户成立合作社,举办牛蛙养殖技术培训班,提供技术和信贷,改善专业户设备条件等。为了使牛蛙屠宰合法化、工业化,巴西联邦检验中心在圣保罗投资兴建了牛蛙屠宰场,每天可屠宰牛蛙 2 万只。戈亚尼亚州一养殖专业户从事牛蛙养殖 21 年,每月产牛蛙 12 吨,其中 80% 出口到美国、加拿大、阿根廷、乌拉圭和智利。

　　1922 年,我国台湾省开始养殖牛蛙。1959 年我国大陆引进牛蛙驯养,1986 年在我国中部和南部大量饲养。主要品种有:沼泽绿牛蛙、西方牛蛙、印度尼西亚牛娃、非洲大牛蛙等。党的十一届三中全会以后,全国很多省、市又掀起了养殖牛蛙的热潮。有的人由此而走上脱贫致富的道路,成为农村新兴的养殖专业户。经过 30～40 年的繁殖与驯化,牛蛙已完全适应了我国的气候条件和自然环境,为其大面积人工饲养创造了有利条件。目前我国最大的牛蛙养殖基地在福建省漳浦县旧镇,年产牛蛙1000吨,产值2亿元。

牛蛙原产地在北纬30°~40°之间,我国长江以北到河北省的地理位置与此相同,气温基本接近。实践证明,河北省中部以南的我国广大地区,只要在有水的情况下,保证足够的食物,牛蛙都能生长良好。无论是山区还是平原,牛蛙在池塘、沟港、水稻田、河湖滩地、沼泽地和无毒害的污水塘内都能生存,甚至在沙漠的泉眼附近都能生存、繁衍。

近年来在我国云南的滇池、湖南的汉寿县南湖以及新疆的阿克苏、和田和喀什等地,都发现了20世纪60年代流放的牛蛙,已在天然环境中野化,并不断繁衍、生长。

牛蛙养殖具有以下特点:

一是繁殖快,体重生长到300~350克的牛蛙即可产卵繁殖,一年可产卵1~3次,一次产卵1万~2万粒,因此牛蛙的种苗供应很容易解决。

二是生长迅速。牛蛙的蝌蚪经过一段时间饲养,即可脱尾变态成幼蛙,每只体重5~8克。幼蛙经过2~3个月饲养,每只体重可达100克左右;再经4~5个月饲养,平均每只体重达400克左右;连续饲养2年,一般体重可达1000克,最大可达2000克。

三是饲料来源广泛。牛蛙的蝌蚪摄食浮游生物、藻类、米糠、豆浆、豆渣等,变态后的幼蛙及成蛙摄食蝼蛄、螟蛾、蝇蛆、虾、小鱼、蚯蚓、蜗牛等,因此牛蛙的饵料是很容易解决的。

四是养殖设备简单,只要有水池,池中或池周围有1/3~1/2的陆地,池周设简单的围墙或围网,保证牛蛙逃不出去即可。有水源的庭院,甚至室内都可养殖牛蛙。

五是易于饲养,平时两三天投喂一次即可,牛蛙冬眠期间不摄食。

六是抗病力强,在一般饲养条件下,很少发病。牛蛙耐寒力较强,在10℃以下潜洞冬眠,在冰下静水60厘米、流水35厘米处,不论种蛙、幼蛙或蝌蚪,均能安全越冬,不会被冻死。

七是产量高,经济效益大。采用集约化养殖牛蛙,放养 20 克以上的幼蛙,经过 5 个月饲养,个体重可达 300 克以上,每平方米可养 35 只,则每平方米饲养面积生产牛蛙 10 千克;如按净生产 9千克计算,每 667 米² 生产 6 000 千克。牛蛙的价格高,在国际市场上,每千克牛蛙售价 30～50 美元,在我国沿海城市,牛蛙收购价高达每千克 30～60 元。牛蛙被我国作为国宴之珍馐佳肴。1984年美国总统里根访问我国时,李先念主席在宴会上招待了九道菜,里根对其中用牛蛙烹制而成的"石鳞腿"赞不绝口。如今,牛蛙早已列入我国许多宾馆、饭店的菜谱。美国牛蛙是畅销国内外的营养食疗佳品,在国内市场上供不应求,同时,还出口到中亚、欧美、日韩、俄罗斯等国家,需求相当大。总之,牛蛙养殖是符合当前农业产业结构调整形势的一种新兴特种养殖项目,具有易饲养、繁殖快、生长快、饲料易解决、适应性强等优点,养殖前景广阔。

第三节　牛蛙的生物学特性

牛蛙(*Rana catesbeiana*)属于两栖纲、无尾目、蛙科、蛙属中的一种动物,鸣叫声洪亮,酷似牛叫,故名牛蛙,为北美洲最大的蛙类。全世界有 36 属 500 多种,分布于除大洋洲和南极以外的地球各大陆。

牛蛙原产北美洲落基山脉一带,因其经济价值很高,世界许多国家都先后引进饲养。1959 年从古巴、日本引进我国内陆驯养,1986 年在我国中部和南部大量饲养,目前除广东、湖北、湖南、福建、浙江、新疆、四川、江西等地外,北方地区的河北、北京、辽宁等地也在进行牛蛙的养殖。据初步统计,牛蛙已成为我国主要养殖蛙类,每年养殖产量超过 3 万吨。

一、生 活 史

成年牛蛙,雌性卵巢中的生殖细胞经过成熟分裂,形成卵子;雄蛙睾丸中的生殖细胞经过成熟分裂,形成精子。雄蛙用发达的前肢抱在雌蛙腋下,刺激雌蛙产卵,雄蛙也同时射精;成熟的卵子和精子在体外水中受精,成为受精卵。

受精卵在水中经过一系列胚胎发育形成蝌蚪。刚孵出的蝌蚪,先以前端的吸盘附着在水草上,随后即能在水中自由游泳。蝌蚪营水生活。其外部和内部构造及生理特点都适于进行水中生活;侧扁的长尾作为运动器官,也有与鱼类类似的侧线器官;头的两侧最初具有 3 对羽状外鳃,以后消失,在外鳃的前方产生具有内鳃的鳃裂,被鳃盖褶包起;呼吸器官为外鳃,外鳃消失后则以内鳃呼吸。蝌蚪从外形到内部结构都和鱼相似:没有四肢,用尾游泳,有侧线,用鳃呼吸。心脏只有一心房一心室,动脉弓为 4 对,血液循环为单循环。

蝌蚪长到了一定程度,在适当条件下开始变态。变态是蝌蚪的内部器官和结构及外部形态由适应水生生活向适应水陆两栖生活转变的改造过程。从外部形态上,蝌蚪的尾部逐渐萎缩,最终消失;前后肢代替了尾部。内脏器官的改变最早。当蝌蚪还用鳃呼吸时,在咽部靠近食管处即生出 2 个分离的盲囊,向腹面突出,成为肺芽,肺芽逐渐扩大,形成左右肺,其前面部分相互合并,形成气管。随着肺呼吸的出现,其循环系统也相应地由单循环改造成为不完全的双循环。第四对入鳃动脉发育成为肺动脉。心脏逐渐发展成为两心房一心室。

随着尾部的消失,牛蛙的幼体的体长大为缩短,幼蛙就能到陆地生活,开始水陆两栖生活。幼蛙经过一段时间的生长发育,即达到了性成熟。到了 5 月上旬,牛蛙叫声尤甚,一蛙先鸣,其他蛙跟随齐鸣,夜间比白天叫得更厉害,其后便抱对产卵。产卵期至 7 月中旬止,历经 70 天左右。卵呈片状,借水草固着浮于水面。受精卵孵化为蝌蚪,生活于水中,以后变态为蛙,营水陆两栖生活。冬季水温下降到 10℃ 左右时牛蛙开始躲藏于洞穴或淤泥中,停止活动与摄食,进行冬眠。但当气温回升到 10℃ 以上时,又出来活动觅食,即使冬天也是如此。

二、形态特征

牛蛙主要品种有:沼泽绿牛蛙、西方牛蛙、印尼牛蛙、非洲牛蛙、非洲大牛蛙等。

牛蛙是一种很大的青蛙,体形与一般蛙相同,但个体较大,雌蛙体长达 20 厘米,雄蛙 18 厘米,体重 600～1 000 克,最大个体可达 2 千克以上。

牛蛙的成体分为头、躯干及四肢 3 部分,无颈及尾。全身皮肤裸露,光滑湿润,有黏液。头部宽扁。口端位,吻端尖圆而钝。眼球外突,分上下 2 部分,下眼球上有一个可褶皱的瞬膜,可将眼闭合。背部略粗糙,有细微的皮肤棱。四肢粗壮,前肢短,具四指,无蹼。雄性个体第一趾内侧有一明显的灰色瘤状突起。后肢较长,具五趾,趾间有蹼。肤色随着生活环境而多变,通常背部及四肢为绿色或棕色、褐色,背部带有暗褐色斑纹;有不明显的暗黑色小斑点;白色至淡黄色,有大理石状斑纹,四肢有黑色条纹。头部及口缘鲜绿色;腹面白色;咽喉下面的颜色因雌雄而异,雌性多为白色、灰色或暗灰色;雄性为金黄色。

三、生活习性

(一)两栖性　牛蛙为水陆两栖动物,无外生殖器官,因此抱对、产卵、排精、受精、受精卵的孵化及蝌蚪的生活都必须在水中,变态后的牛蛙才开始营陆栖生活。生活于湖泊、沟港、池塘等水域环境及附近的陆地草丛中,平时喜栖息于沟、塘边。白天常将身体浸在水中,头部露出水面,水面长有浮水植物,则伏于水草,仅以头部露出水面,一遇惊扰便潜入水中。只在环境合适时,才上岸栖息;晚上上岸活动觅食。夏天高温季节,常栖息于阴凉的洞穴、浓密草丛,农作物地里;严冬钻入 10~40 厘米深的不冻土层或 1 米左右深的洞穴、60 厘米左右水深的淤泥中,待翌年开春后出蛰。故牛蛙在洞庭湖地带无明显休眠期。

(二)群居性 牛蛙有群居习性,往往几只或几十只共栖一处,对环境条件一经适应便定居下来,一般不易迁移。当栖息环境恶化,如水域干涸、食物断绝、炎热难耐,无法继续生存下去时,牛蛙即会集群迁移到别的适宜环境中。每到繁殖季节,牛蛙常集体迁移到水塘、河沟、池沼等环境优良的场所,互相嬉戏,抱对繁衍后代。完成繁殖后代任务后仍返回原栖息场地。

(三)胆小怕惊 牛蛙生性贪图安静,惧怕惊吓干扰,一旦遇到惊扰,大多即刻潜入水中,逃之夭夭。晚间,在没有干扰的情况下则四处活动、寻食。倘若生态环境喧嚣嘈杂,噪声严重,牛蛙即会迁居他方,寻找安静新居。若人为设栏,使它无法迁居时,牛蛙则表现焦躁不安,跳跃不停,寻洞欲逃,或者深藏洞穴、草丛中不食不动。因此,人工养殖牛蛙时,蛙场一定要建在环境安静的地方。牛蛙虽有被人们养殖上百年的历史,但大多为野外粗养方式,因此至今还保留着很多野生特性。其警觉性强,稍受惊扰就跳跃或潜水、钻泥,利用保护色潜伏于草丛中;在人类围观下往往不吃食,在喧闹的环境下往往难以抱对、产卵或排精。

(四)变温性 牛蛙不具备恒温调节的功能,其代谢水平较低,自身的体温调节能力弱,为冷血动物。一般来说,牛蛙的生长繁殖温度为 18~33℃,最适温度为 25~28℃。盛夏气温超过 33℃ 时,牛蛙的生长发育和活动受影响,白天多隐藏于洞穴和水草丛中,只有在夜间凉爽时才出来活动觅食。秋末之后,气温逐渐下降,牛蛙活动变弱,摄食量也减少。当气温降到 10℃ 以下时,牛蛙便蛰伏穴中或淤泥中,双目紧闭,不食不动,呼吸和血液循环等生理活动都降到最低程度,进入冬眠。至来年春季气温顺升到10℃以下时即结束冬眠。因此,牛蛙的生长发育、繁殖及各种活动明显受季节尤其是水温变化所制约。如在北温带,牛蛙有4个月的冬眠期;在我国的广东、广西、台湾、海南、云南,仅有1个月的冬眠期。在适宜的人工养殖条件下,牛蛙可不冬眠。

冬眠期间,牛蛙主要靠体内积蓄的肝糖和脂肪来维持生命,为此,每年的秋季即冬眠前必须加强饲喂,促使牛蛙储备营养,以利安全越冬,提高成活率。冬天可以利用地热水、工业无害热水或安设保暖防风设备,使牛蛙不冬眠或缩短冬眠期,既延长其生长期,又促其提前产卵孵化。

(五)善于跳跃　牛蛙后肢十分粗壮、长大,善于跳跃。平时后肢呈"Z"字形蜷曲,时刻准备起跳,见到食物时跳跃捕食,遇到惊吓时则跳跃逃窜。盘旋于牛蛙头部1.2米以下的飞虫,它都能准确无误地跳跃捕获。牛蛙能跳过1.2米高度,能跳跃达1.5米以上距离。因此,人工养殖牛蛙,蛙场四周一定要建好围墙等防逃设备。

(六)对盐度及环境污染敏感　牛蛙不能生活在高盐浓度的水域。低浓度的农药可使蝌蚪活动不正常,易被天敌发现吞食;高浓度农药可立即致死。蝌蚪越大,对农药越敏感;变态前后最为敏感,死亡率亦高。故在蛙池附近使用农药最好选用对牛蛙无害的高效低毒药品。化肥残留物亦能改变水体化学性质,使水体富营养化,引发藻类、水生植物过度繁殖。植物衰败分解,产生沼气或硫化氢等气体也会危害蝌蚪,有的化肥残留物则可直接刺激蝌蚪,并导致死亡。

(七)食性　牛蛙的食物构成以动物性饲料为主(表3-2),在不同的发育阶段,食性也不尽相同。牛蛙在蝌蚪期是杂食性,刚孵化出的蝌蚪依靠卵黄囊提供营养,3～4天后蝌蚪的口张开以后,食物随水一起进入口腔,随即闭合口腔,将进入口腔的水经鳃孔排出体外,食物通过咽部和食管进入胃肠道。因此,蝌蚪期对动物性饲料(如水蚤类)、植物性饲料(如藻类)和人工饵料(如鱼肉粉、蛋黄及豆渣、米糠、玉米粉)都能摄食,只要能进入口腔并吞咽得下,可喂以蛋黄、血粉、骨粉等,也可用豆浆、麸皮、面粉等。但在自然状态下,蝌蚪刚孵出后喜食水中的蓝藻、绿藻、硅藻等植物性食物,随着蝌蚪长大,也喜欢吃小鱼、小虾等动物性食物。

表3-2 牛蛙的食物种类

类　别	动植物名称
有害种类	蝗虫、蟅蠊、蟋蟀、蝼蛄、椿象、浮尘子、天牛、叩头虫、蚁类、步行虫、黏虫、蚱蜢、枯叶蛾、谷盗叶甲虫、萤火虫、象鼻虫、蚜虫、金龟子、蝇类、蚊虫、鳞翅目、叶蝉科、螟蛾科等昆虫、椎实螺、蜗牛、幼蛇
有益种类	蚯蚓、食蚜蝇、螺螋、隐翅虫、豆娘、瓢虫、食虫椿象、螳螂、蜘蛛、虾、小鱼、蛙、幼鸟、幼龟
益害不明种类	马陆、螺类、石蝇、蜉蝣
植物种类	山矾科等植物的种子,金鱼草等植物的叶

蝌蚪变态成幼蛙后,便一改过去的杂食习性,喜食活饵。幼蛙及成蛙的食物范围包括:环节动物,如蚯蚓;节肢动物,如甲壳类虾;软体动物,如螺、蚌;鱼类、两栖类、爬行类的幼体及哺乳类的内脏等。

牛蛙生性贪婪,生长季节食量较大。用饵料盘喂食时,成群争抢上盘,体弱、个小的往往被挤出盘外。牛蛙的最大胃容可达空胃容的10倍。6～8月是摄食旺季,每月每只平均摄食160克人工饵料,平均每天摄食5克为宜。

牛蛙生性凶残,经常发生大蛙吃小蛙的现象。因此,人工养殖牛蛙要大小分养,尽量避免其同类相残。牛蛙也耐饥饿,在食物极度缺乏时,新陈代谢水平会自然降低。在低温冬眠期,牛蛙可以承受 4 个月至 1 年的饥饿,体重大幅度减轻。

牛蛙摄食时,往往是静候在安全、僻静之处,蹲伏不动,待食物靠近时才猛扑过去。但捕食对象第一次运动时并不捕食,而在第二次甚至第三次运动时才捕食;动作迅速而准确,很少落空;食物进入口腔内并不咀嚼,而是整个囫囵吞下。在人工饲养的条件下,牛蛙通常是成群聚集在饵料台上摄食;如饵料不足,大蛙吃小蛙的现象就会发生。牛蛙驯食应从蝌蚪开始,定点设置饵料台,每天定时定量投饵。在 30 日龄前的小蝌蚪,每天只投饵 1 次,时间为上午 8～10 时;30 日后的大蝌蚪,每天投饵 2 次,上午 8 时和下午 5 时,投饵量随蝌蚪的长大而逐渐增加。10～50 天蝌蚪每天每万尾投饵 200 克左右,50 天以上投饵 400 克左右。

第四节　牛蛙养殖场的建设

一、场址选择

由于牛蛙喜欢在安静、温暖、潮湿的环境中生活,牛蛙场最好选择在平坦开阔、东西走向,这样能使秋天、冬天、春天的光照时间延长,夏天会有东南风,从而形成冬暖夏凉的环境。牛蛙场址应远离公路、工厂及嘈杂的地方,因为靠近公路和工厂的地方容易受到灰尘及有害微粒的影响,易发生牛蛙烂皮病、蝌蚪腹水等疾病,另外过大的噪声会影响牛蛙的生长速度,拉长养殖周期,增加养殖成本。

养殖场应建在暴雨洪涝不淹、干旱时能及时获得供水的地方。牛蛙养殖场的水源最好是江、河、湖泊或者是水库,因为水体比较大,变化幅度会相对小,其次是地下水,但是有些地方的地下水的硬度太大,对牛蛙的生长影响也很大。牛蛙养殖的水质标准可参照渔业用水标准,一般溶解氧应在 3.5 毫克/升以上,pH 值在

6.8~8.0,盐度最好不要高于 2‰。此外,未受污染的电厂余热水、地下温泉水、深井水等也可用来养殖牛蛙。

水质不好容易导致牛蛙疾病经常发生,如蝌蚪烂尾病、红腿病、歪头病、白内障等。目前很多养殖户认为只要养殖过程中定期使用消毒剂就能杜绝病菌的滋生,但这样却加大了养殖成本,如果水源好,用药量就会相对减少,从而降低成本。

二、蛙场布局

牛蛙饲养场的建设规模应根据生产规模、资金投入情况等来确定。在一定建设规模条件下,各类建筑的大小、数量及比例必须合理,使之周转利用率和产出达到较高水平。

牛蛙养殖池根据用途可分为种蛙(产卵)池、孵化池、蝌蚪池、幼蛙池、成蛙池,对于自繁自养的商品牛蛙养殖场,各种养殖池面积比例大致为 5:0.05:1:10:20。对于种苗场来说,可适当缩小幼蛙池和成蛙池的比例,相应增加其他养殖池所占的面积比例。各类蛙池面积不宜过大与过小。过大则操作困难,管理投喂饲料不便,一旦发生病虫害,难以隔离防治,往往造成不必要的损失;过小则不但浪费土地、建筑材料,还增加操作次数,同时过小的水体,其理化、生物学性能不稳定。饲养池形一般为长方形,长与宽的比为 2~3:1。

牛蛙养殖场要布局合理,使之便于生产管理,又为牛蛙的生长、繁殖提供良好的环境条件。图 3-1 供参考。

牛蛙善跳跃、游泳、钻洞、爬行,所以必须设置防逃围墙;同时起到防止外界敌害侵入的作用。根据不同条件可建成竹墙、砖木墙、砖墙等。围墙一般高 1.5 米,埋入地下 30 厘米。

三、蛙场建设

(一)养殖池建设 牛蛙养殖池依据所养牛蛙的发育期而分为

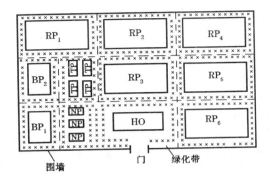

图 3-1　牛蛙养殖场各类建筑平面布局图

BP—产卵池　　NP—蝌蚪养殖池　　RP—幼蛙或成蛙养殖池

HO—工作和宿舍用房

————表示隔离用御障

蝌蚪池、幼蛙池、成蛙池、产卵池和孵化池。养殖池的大小根据各时期牛蛙的适宜养殖密度对自繁自养的食用蛙养殖场而定。

1. **蝌蚪池**　每池一般以长 6 米、宽 2~3 米、深 0.6~1 米为宜，四周及池底用水泥抹平，池壁坡宜大些(约 1:10)，以便蝌蚪吸附其上休息，并便于蝌蚪变态后的幼蛙登陆。池壁设进出水口，使之排灌方便。池中设置一个饵料台，此台放饵料的塑料网面处在水位线下约 10 厘米处。池内种些漂浮水生植物，如水葫芦等，为蝌蚪的栖息创造良好的环境条件。蝌蚪池周围建围墙，以防敌害侵入。

2. **幼蛙池和成蛙池**　两者形态与结构相仿。幼蛙池规格以 20 米×5 米为宜。堤坡为 1:25，堤面宽 1 米，池深 0.6 米。宜建大、中、小 3 个:100、150、200 米² 各 1 个，视幼蛙发育情况，随时调整，分级饲养，以免大吃小。

成蛙池规格一般以长 25 米、宽 12 米、深 1.2 米为宜，堤坡长约 2 米，池中最好设小岛或浮岛。也宜建大、中、小 3 个，以便按体型大小分级养殖。

不论幼蛙或成蛙池,均须设排灌水管,池周或小岛上挖些人工洞穴,也可搭遮阳棚。另外,须于水面下10厘米处设饵料台,供投放饵料用。池周围应设防逃围墙,水面上安装黑光灯诱集飞虫。

3.产卵池(种蛙池) 其建筑规格要求与成蛙池相同,但不要太大,规格以长20米,宽2米,深15厘米为宜。陆地占全池面积的1/3～1/2。最好设2～3个,以供不发情、产卵期的亲蛙抱对产卵、排精使用。产卵池的生态环境应近似天然条件,以利繁殖。

4.孵化池 规格以2米×1米或1米×1米为宜。池壁高0.6米,保持水深0.15～0.4米。用砖石水泥砌建,也可使用相应大小的塑料箱,设进出水口,池底铺沙土6厘米,上有遮阳棚,或水面放些浮萍。孵化池的个数根据养殖亲蛙数及将不同亲蛙或不同时期所产的蛙卵分批孵化而定。

(二)养蛙池的消毒和环境改良 新建的水泥池要在使用前放水浸泡15天进行脱碱,待放养幼蛙时再排掉老水换入新水后才能放养;土池如新开池也要在使用前灌水浸泡5～7天,以除去过多的重金属盐。水泥池在放养前还要用浓度为每升1毫克的漂白粉或浓度为每升20毫克的生石灰溶液涂刷池底和池壁消毒;土池则要每平方米用90～110克生石灰或7.5～15克的漂白粉化水后泼洒消毒。

为了保证牛蛙能良好地生长发育,应为其创造良好的生态环境。可在蛙池内种植一些莲藕、慈姑、菖蒲等水生植物,这样适宜于牛蛙栖息;陆地和斜坡上要种植花卉、青草和灌木树,以利于牛蛙平时栖息和招引昆虫供作蛙的饵料;为了防止夏季高温对牛蛙的影响,春季应在蛙池南岸搭半池的遮阳棚,种植一些南瓜、丝瓜、葡萄等爬藤植物,便于牛蛙在高温季节歇夏休息。

第五节　牛蛙的繁殖

一、种蛙的选择和培育

（一）**雌雄蛙的鉴别**　达到性成熟的雌雄牛蛙，在外形上有明显的不同（表 3-3）。雄牛蛙的鼓膜直径比眼的直径明显要大；前肢内侧第一指上有发达的婚垫，生殖季节更加明显；咽喉部的皮肤呈金黄色，生殖季节颜色更深，内有一对带状声囊，能发出洪亮的声音。雌牛蛙的鼓膜直径比眼的直径略小；前肢内侧第一指无婚垫；咽喉部的皮肤颜色呈灰白色，具有黑色斑纹，无声囊。

亲蛙质量的优劣直接关系到繁殖的效果和子代的经济性状。所以必须进行严格挑选。要求无病、无伤、体格健壮、形态端正，雄蛙应选择 2 龄以上，声囊处的皮肤金黄色，婚垫明显，体重在300～400 克；雌蛙应选择 3 龄，腹部膨大、柔软、富有弹性，体重在400～500 克。

表 3-3　雌雄牛蛙外部形态鉴别

部　　位	雌　　蛙	雄　　蛙
鼓　　膜	和眼睛同大或是眼睛的 3/4	直径比眼睛大 1 倍
婚　　垫	无	有
咽喉颜色	白色或灰色，具浅黄色斑纹	金黄色
背部颜色	褐色，多瘤突	暗绿色，较光滑
体　　型	同龄个体较大	同龄个体较小
声　　囊	无	有
叫　　声	叫声低	叫声高，如母牛

（二）**亲蛙的选择**　在投产前要进行引种工作。购种和运输春

天和秋天均可进行,此时气温较低,运输更为安全。但从温度、运输路途及其经历的时间考虑,一般近距离、少量引种,各季节都可进行;大量引种、长途运输则宜在春、秋季。

1. 体重　选择发育良好、体躯强健、无损伤、无疾病、善于游泳、性情活泼,雌蛙腹部膨大,体重约 250 克(雄)至 300 克(雌)以上的个体。凡躯体及四肢被刺伤留有伤痕和洞孔的,四肢发红、肢指骨裸露、行动迟钝、皮肤无光泽、发黑或腐烂的均不宜选为种蛙。

2. 年龄　挑选 2～3 年生的青壮年蛙,生活力强,产卵量、排精量都高。

3. 雌雄配比　雌雄亲蛙的配比,原则上以 1∶1 为宜。如果能适当增加雄蛙的比例则更好,雄蛙过少会影响繁殖效果,但也不能太多,否则会因相互间争夺雌蛙而影响正常抱对,甚至造成伤亡。亲蛙一般按每平方米水面 1 对的标准放养。

4. 选择亲蛙的时间　最好在牛蛙越冬以前的 11 月份,最迟要在翌年 3 月完成。越冬前挑选好的亲蛙,最好雌雄分开饲养,待到第二年 4 月初再将雌雄亲蛙合池饲养。

(三)种蛙培育　要加强越冬期间的饲养管理,以保证安全过冬和越冬后体质良好。3 月中旬开始,还应对亲蛙采取强化培育,以促进其性腺的发育。选择好的亲蛙每平方米放养 1 对,4～5 天后开始摄食。已驯食的种蛙,投喂配合饲料,日投饲率为体重的 3%～6%,临产前投喂一些蚯蚓、蝇蛆、小杂鱼虾等动物性饵料。没驯食的种蛙投喂动物性饵料,日投饲率为体重的 5%～6%,最高可达 10% 以上。一般于早晨和下午 2 次投喂。同时用黑光灯引诱昆虫,增加补充饵料。培育期间,应看天气的变化;不定期换水,保持水质清新,同时要有适当的阳光照射,尤其是产卵季节。

二、产卵和受精

(一)产卵　牛蛙产卵期在 5～9 月份,产卵可分自然产卵和人工催产 2 种。雌蛙到 5～7 月开始产卵。当水温升到 18℃ 以上时,雄蛙即开始发情,主要表现为频繁鸣叫并追逐雌蛙。一般雌蛙要比雄蛙晚 15 天左右发情,雌蛙发情表现出急躁不安,徘徊依恋于雄蛙周围并顺从雄蛙抱对。牛蛙抱对时,雄蛙伏在雌蛙背上并用前肢紧抱雌蛙腋部。抱对时间短的几小时,长的可达 2 天。

产卵的最适水温为 24～28℃。雌蛙产卵时,因腹部自身的收缩和雄蛙紧压的协助,将子宫里成熟的卵子,经泄殖孔不断地排出体外,通常是 2 个卵子并排从泄殖孔排出。这时雄蛙后腹部紧贴雌蛙背部,同时射精。精子和卵子是在体外水中完成受精作用的。一般产卵时间持续 10～20 分钟。

牛蛙产卵时要求环境安静,产卵季节应禁止闲人进出,以免干扰产卵造成停产。

(二)产卵量　牛蛙的产卵量和年龄、个体大小、营养条件及生态条件等有很大关系。体重 300～500 克的蛙,产卵量 1 万～5 万个不等,平均每克体重的产卵数为 15～109 粒不等。

三、蛙卵的孵化

(一)采卵　牛蛙产卵以后,受精卵不能久留在产卵池中,一般应在产卵后 20～30 分钟采卵。这时受精卵外的卵膜已充分吸水膨胀,受精卵可以在卵膜中转位,从而使受精卵的动物极朝上,植物极朝下,水面上可以看到一片灰黑色的卵块,这时是采卵的适宜时间。

为了保证适时采卵,在产卵季节,要加强产卵池的巡视,以便及时发现卵块。在雄蛙鸣叫频繁的傍晚,特别要观察亲蛙抱对的情况。一般前一晚亲蛙抱对的地方,就是次日雌蛙产卵的场所,据此可及时发现卵块,避免遗漏。

采卵时要用剪刀剪断与卵块粘连的水草,切莫强拉硬扯,以免弄破卵膜,影响孵化。采下的卵块要迅速移入孵化池。最好 1 个卵块放 1 个孵化池;如果孵化池面积较大,必须放多个卵块时,应放同一天产的卵,以保证同步孵化,避免因孵化有先后而造成孵化池中蝌蚪大小不一,影响蝌蚪的出池放养。

(二)孵化密度 与孵化率直接相关。用孵化池进行静水孵化时,每平方米只能放 6 000 粒卵;如果采用微流水或网箱孵化,则孵化密度可增大至每平方米 8 000~10 000 粒卵。

(三)孵化的环境条件 牛蛙卵的孵化和水温密切相关。孵化要求的水温为 20~31℃,最适水温为 25~28℃。孵化用水的适宜 pH 值为 6.8~8.5,偏酸的水含氧量少,会影响孵化,还会使卵膜软化,卵子扁塌,造成卵子破膜死亡。孵化用水重金属离子含量不得超过饮用水标准;要有充足的氧气,溶解氧不能低于 3 毫克/升,否则会造成卵的死亡。孵化池要求水深 50~60 厘米,面积 1.2~2 米²,每平方米孵 6 000 粒卵为宜。孵化过程中不要惊动水体,灌水要防止流量与高度不宜过大,池上搭荫棚防暴晒和暴雨。

(四)孵化期间的管理 孵化池在中午因受阳光直射,池水温度较高,晚上或雨天温度低,造成昼夜温差较大,影响孵化率。应在孵化池上面搭棚遮阴,晚上还应在孵化池上面加盖,以保持温度的稳定。

孵化期间要经常观察胚胎的发育状况,发现死卵要及时摘除,以免蔓延影响水质。蝌蚪孵化以后,由于卵膜的溶解,会消耗水中大量氧气,造成水中缺氧而恶化水质。这时要灌入流水或换水。

刚孵化的蝌蚪,游泳能力差,常吸在孵化容器的壁上或水草上,要少搅动池水,以免影响蝌蚪成活率。

(五)牛蛙繁殖关键技术 为了集中提前产卵,提早出苗,提高经济效益,须进行牛蛙的人工催产:

1. 天气的选择 选择天气稳晴、气压高,水温稳定在 18℃ 以上的条件下进行。

2. 催产亲蛙的选择 选择体质健壮活泼,无病无伤,体重 400

克以上,1～2 冬龄,第一至第二次产卵的亲蛙最好,使用 2 年后全部淘汰。雌蛙要求腹部膨大柔软富有弹性,泄殖孔轻度开放;雄蛙要求下颌皮肤金黄色,前肢粗壮,婚垫明显。雌雄配比最好为 1∶1。

3. 催产剂的选择　目前市场上供应的催产药物主要有鱼用绒毛膜促性腺激素(HCG)、促黄体生成素释放激素类似物(LRH-A)、地欧酮(DOM)和鱼类高效催产激素(LES)。也可选择使用蛙类的脑垂体(PG)。亲蛙第一次被催产最好选择绒毛膜促性腺激素和促黄体生成素释放激素,如第二次被催产宜选择除绒毛膜促性腺激素和促黄体生成素释放激素以外的其他催产药物。

催产雌蛙剂量:①绒毛膜促性腺激素 4 000 单位/千克;②脑垂体 8 个/千克;③绒毛膜促性腺激素 2 000 单位＋促黄体生成素释放激素 200 微克/千克;④鱼类高效催产激素 10 毫克＋促黄体生成素释放激素 100 微克/千克;⑤地欧酮 10 毫克＋促黄体生成素释放激素 100 微克/千克;⑥脑垂体 4 个＋促黄体生成素释放激素 250 微克/千克。催产雄蛙剂量为雌蛙的 1/2。

4. 催产药物的配制　首先将所有催产器具高温煮沸 15 分钟,然后将催产药物倒入研钵中反复研磨成粉末状,最后加入适当分量的 0.7％或 0.9％的生理盐水溶解,混合均匀。生理盐水的量以每毫升溶液含有上述剂量单位的催产剂为标准。

5. 催产方法　注射部位为臀部肌内或腹部皮下,注射器为 5 毫升、10 毫升的玻璃注射器,针头规格为 6 号、7 号。首先将注射器装配好,检查针头是否畅通,并抽取一定量的催产剂溶液,针头垂直向上,排尽注射器内空气。然后另一人一手控制住蛙的头背部,一手抓住蛙的后肢,腹部朝上往头部方向倾斜,让蛙的内脏系统和卵巢尽可能向头部靠近。采用臀部肌内注射,注射器针头与蛙体呈 45°夹角,用力刺破皮肤进针 1.5 厘米;腹部皮下注射,水平方向进针,用力刺破皮肤后挑起深入进针 2.5 厘米,雌蛙注入催产剂 1 毫升,雄蛙注入 0.5 毫升,退针时用镊子夹蘸有碘酊的药棉轻轻按住针孔,以免药液外溢。将催产亲蛙轻轻放入僻静的产卵池待产,清洗、收集好催产工具。

第六节 牛蛙的饵料

一、牛蛙的营养需要

牛蛙对饲料中营养物质的需要量有一定的适宜范围,即饲料中各类营养物质的含量,必须适当平衡,才有利于牛蛙的生长发育。牛蛙在蝌蚪时期和变态成蛙后,对营养要求不同。蝌蚪的生活习性近似于鱼类,而且消化特点和对食物的要求与杂食性鱼类相仿。自然界中,蝌蚪主要摄食藻类等植物性饲料,后期也摄食一些枝角类及其他浮游生物。在人工饲养情况下,蝌蚪摄食优质的全价配合饲料,生长速度更快。用含粗蛋白质 30%、粗脂肪 2.5%、水分 9%、灰分 12% 的全价蝌蚪料喂蝌蚪,饵料系数低于 1,且蝌蚪肥壮,其对蛋白质的转化效率极高。蝌蚪的食物以浮游植物为主,也能摄食人工饲料。凡蛋白质含量在 10% 以上的各种动、植物性的原料,都可作为蝌蚪饲料。若蝌蚪的饲料以植物性原料为主,蝌蚪个体大而变态慢;相反,如以动物性原料为主时,则个体小而变态快。蝌蚪变态为成蛙之后,其消化器官和消化生理发生了系列的变化,对饲料的营养需要亦随之改变。湖南省水产研究所的研究结果表明:牛蛙对饲料中蛋白质的最适需要量为 30.90%~37.25%;淀粉的适宜含量为 25%~28.15%;纤维素的最高限量为 7.82%,采用该营养水平配制的牛蛙配合饲料,能够满足牛蛙迅速生长的营养需要。人工养殖牛蛙饲料粗蛋白质标准大致如下:蝌蚪、幼蛙 43%,中蛙 41%,大蛙 39%。因牛蛙属变温动物,对能量需求不是很高,过多的能量易导致脂肪肝发生。饲料中磷的含量宜在 2% 左右,低了体色较难看。

二、牛蛙的食性与饵料种类

　　牛蛙蝌蚪主要以浮游生物和有机碎屑为食。牛蛙蝌蚪属静水水域类型,游泳能力不强,所以只好吞噬随波逐流的浮游藻类,也喜欢聚集在烂草堆里,用角质唇齿刮取腐败的有机物质及底栖硅藻。

　　蝌蚪变态为幼蛙后,食性发生根本转变,以活的动物性饵料为食(表3-4)。幼蛙和成蛙靠摄食小鱼、小虾、螺、蚯蚓、蚱蜢、蝼蛄、蝇蛆等生活。牛蛙捕食时,大多选择在安全、僻静和饵料丰富的浅水处,或离水不远的陆地,蹲伏不动,耐心等待。如无外来干扰,不常变换位置;发现活动物时则以猛扑的方式跳跃捕捉。当被捕获物离蛙较远时,则轻轻的爬向目标,伺机捕捉。由于其动作敏捷,一般很少落空。在陆上捕获食物后,往往立即跳入水中,用前肢帮着吞下食物,然后回转至岸边。有时连同捕获物上的附着物,如草叶、浮萍等也一同摄入。在饵料缺乏的情况下,牛蛙有大吃小或残食其他小型动物的现象。

表3-4　牛蛙食性的变化

发育阶段	食　性
蝌蚪孵化3天内	剩余卵黄
小蝌蚪期(3~20天)	以藻类等水中浮游生物为主食
中蝌蚪期(21~50天)	杂食性,以浮游动物、植物饵料为主食
大蝌蚪期(51~90天)	以浮游动物饵料为主食
变态后成蛙	以动物性活饵为主食

　　自然界中牛蛙成体以摄食昆虫、鱼虾等活体动物性饵料为主。解决牛蛙鲜活饵料的途径:采捕或饲养小杂鱼、蚯蚓等。牛蛙经驯化,摄食静态的蚕蛹、动物内脏、膨化颗粒、沉性中软化饵料,使驯化牛蛙摄食死饵,不受个体大小的影响,只受饵料适口性的影响。为进一步提高牛蛙摄食天然饵料的能力和抗病力,定期在天

然饵料中添加高品质蛙食添加剂是有效途径。目前,我国生产蛙类全价膨化饲料的厂家很多,但饲料质量不稳定,其料肉比从1~3.5:1不等。为提高美蛙单位时间的生长速度,提倡在投喂全价膨化颗粒饲料的同时,补充蚕蛹、肺叶、鸡肠、小鱼虾、蚯蚓等动物性饲料,以提高全价饲料中动物蛋白的比例。需要说明的是,全价饲料经过高温膨化,维生素含量不足,在投喂时应加以补充。人工成蛙饲料的营养指标见表3-5。

表3-5　牛蛙饲料营养标准

粗蛋白质(%)	粗纤维(%)	钙(%)	磷(%)	氨基酸(%)	蛋氨酸(%)	胱氨酸(%)	色氨酸(%)	食盐(%)	胡萝卜(%)	消化能(千焦/千克)
23	5	0.82	0.86	1.59	0.5	0.41	0.71	0.2	7.5	10460

三、牛蛙饵料开发

(一)养殖蚯蚓　在牛蛙池内的陆地,投入牛粪、烂水果、淘米水等,与土拌和,放进种蚯蚓,让其繁殖。经一段时间养殖后,晚间蚯蚓出土活动,便可被牛蛙捕食。也可利用零星荒地,施足牛粪等以培养蚯蚓,每平方米可产成蚓5~7千克。

(二)灯光诱虫　在蛙池食台上方,离水面0.3~0.5米处,吊挂30瓦的黑光灯或紫光灯,可诱落昆虫、飞虱等,晚上牛蛙会聚集灯下捕食。此法在5~9月份效果最好,开灯时间应在太阳下山后至上半夜,下半夜多露水,昆虫少,应关灯节省用电。

(三)养殖福寿螺　利用零星沟塘或建小池,也可在蛙池水中繁殖、养殖,在高温季节每5~10天产一桃红色卵块,每一卵块有卵1000粒左右,卵破膜孵出小螺便作牛蛙饲料。

(四)养蚕　利用房前屋后种桑养蚕,蚕生长快,生长周期只需20天左右,幼蚕可用来喂幼蛙,长到4.5~5龄,可用来喂成蛙。

(五)饲养黄粉虫　黄粉虫是牛蛙的最好饲料,易饲养,利用农作物秸秆及米糠和青菜叶即可饲喂,但生长慢,必须扩大饲养量,方能保证饲料供应。

(六)诱蝇育蛆　在牛蛙养殖池上方 30 厘米处吊挂大口盆、托盘等,内放诱饵如废畜肉、鱼内脏等诱蝇育蛆,当蝇蛆爬离盆口掉入水中,便成了牛蛙的佳肴。也可建一小池,在池内放入豆腐渣,再投入淘米水等,在池面上加盖,过若干天蛆虫育成,即可投喂牛蛙。

(七)培养水蚤　水蚤俗称"红虫"、"鱼虫",是小蝌蚪的理想饲料。先将培养池中的水排干,清池消毒后,每平方米池内撒干鸡粪、豆腐渣等各 1 千克(或其他畜禽肥料),最好经日光暴晒 1 周后,灌水 40 厘米,并放入水蚤种源,几天后池水变绿,2 周后池水中即可繁殖出大量水蚤。

(八)利用下脚料　将肉联厂、饭店屠宰下脚料消毒干净、捣细,拌入混合饲料投喂。有缫丝厂的地方,可用蚕蛹。

(九)捕捉小鱼虾　地处河道、湖泊或鱼池附近的,可经常捕捉野杂鱼、小虾作饲料。

第七节　牛蛙的饲养管理

牛蛙蝌蚪的饲养好坏,直接关系到蝌蚪的质量和成活率,以及变态成幼蛙的质量,所以是整个养蛙生产中一项非常重要的基础性工作。

一、放养蝌蚪前的准备工作

(一)蝌蚪池的清整　目前饲养蝌蚪一般都采用土池。如果是新池,因新土有过多的重金属盐,影响蝌蚪的生长和成活,应在蝌蚪放养前半个月左右,灌满池水浸泡 7 天,再放干水并换入新水,才可放养。如果是老池,则应在冬季排干池水,让土壤冰冻以杀死细菌及其他有害生物;还要挖掉池塘中过多的淤泥并修补好堤埂,放养前 10～15 天再次排干池水,并进行药物清塘以后才能放水并放养。

常用的清塘药物有生石灰和漂白粉。生石灰清塘一般都用干塘方法,即先将池水排到 5～10 厘米,再在池底挖几个小坑,将生石灰倒入坑内。生石灰遇水后放出大量热能,可使水的 pH 值迅速提高到 11 以上,杀死有害生物,改良土壤。将石灰浆均匀地泼洒在整个池底和堤埂滩脚处,第二天再用铁耙把塘底泥土翻耙一下,使石灰浆和泥土充分混合。使用的生石灰要保证质量,呈块状,如放置时间过长则失效。生石灰的用量为每 1 000 米² 90～120 千克。一般清塘后 7～10 天才能放水放养。对于缺水或无法排干的池塘,也可带水清塘,即在池塘边挖几个小坑,将生石灰倒入坑内并加少量水化开,然后将石灰浆满地泼洒。生石灰带水清塘用量为每 1 000 米² 180～225 千克(水深 1 米)。一般清塘后 10 天才可放养。用于清塘的漂白粉,其有效氯的含量应在 30% 左右。漂白粉带水清塘用量为每 1 000 米² 20 千克(水深 1 米)。漂白粉的药性消失快,清塘后 3～5 天就可以放养蝌蚪。

(二)培育蝌蚪饵料 一般在蝌蚪放养前 7 天左右应注水 30～40 厘米。然后在池塘滩脚处施放有机肥料,用量为每平方米水面 0.5 千克。施肥后池中一般先出现浮游植物的高峰,之后小型枝角类、大型枝角类和桡足类等浮游动物大量先后繁生。这样的浮游生物繁生规律和蝌蚪的食性及其蝌蚪早期食性的转换规律基本一致。

二、蝌蚪的放养

刚孵化的蝌蚪不要马上移养到蝌蚪池中,因为这时其主要靠卵黄囊供给营养,且抵御外界环境的能力也较差,过早移养会影响成活率。一般应根据水温状况来决定放养时间,水温 20～25℃时孵化以后 6～7 天;水温 26～30℃时孵化以后 3～4 天。

放养量应根据饲养方式(粗养还是精养)、饵料种类、蝌蚪规格以及饲养管理水平等多种因素来决定。一般孵化后 7～10 日龄的蝌蚪,每平方米放养 800～1 000 尾;30 日龄后 300～400 尾;50 日龄后 150～200 尾,一直到变态。

三、蝌蚪的饲养管理

(一)控制水温　牛蛙蝌蚪生长的最适温度为 23～25℃,当水温超过 32℃时蝌蚪活动能力下降,吃食减少;当水温升高到 35℃时,出现极度衰弱状态,严重影响生长,甚至导致死亡;38℃时造成大批死亡。当水温降低到 8℃时,蝌蚪极少摄食,停止生长。因此早春应该灌浅水,以利升温;高温季节应该加深池水或搭荫棚,或放少量水葫芦,避免水温过高影响生长。降温措施是在蝌蚪池上面搭遮阳棚,种植一些葡萄或其他爬藤的植物,面积较大的池子只要遮搭半个池子。必要时可临时采用加注水温较低的外河水。一般水温应控制在 32℃以下。

(二)调节水质　蝌蚪早期阶段对水的溶解氧要求较高,应保证在 3 毫克/升以上;30 日龄后由于肺的逐渐发育,可浮出水面吸取空气中的氧,溶解氧可保持在 1.5 毫克/升。

调节水质主要措施是加水或调换新水,一般每 7 天加新水 15厘米。注水时间是上午 7～8 时或下午 4～5 时。注水换水时千万要注意,切莫把有农药、化肥或其他有毒有害污染的水、温度很低的泉水放入池内。对于高密度饲养的牛蛙蝌蚪池,要经常换进新水或采用活水饲养。用土池饲养的蝌蚪,应根据溶解氧和水质情况进行追肥,透明度应控制在 25～30 厘米,小于 25 厘米要加水,大于 30 厘米应追肥。一般在蝌蚪生长期的施肥量,每 3～7 天每立方米水体用有机肥料 250 克左右。

(三)合理投饵　采用水泥池饲养的蝌蚪,只能依靠投喂人工饵料来饲养。另外土池饲养蝌蚪,由于放养密度大,特别是后期,蝌蚪个体大,摄食量多,亦应适当追投人工饵料。常用的人工饵料有黄豆粉、豆饼粉、米糠、玉米粉、小麦麸、蚕蛹粉、鱼粉等。避免使用单一的人工饵料,否则会因营养不全面而影响蝌蚪的生长发育,还可能引发一些疾病。推荐使用人工配合饵料,效果较好。投喂人工饵料的量,一般按蝌蚪体重的百分比来计算。水泥池每天投饵量,全长 2 厘米以下的蝌蚪为其重量的 9%～10%;2～4 厘米为 6%～8%;5～7 厘米为 3%～5%;7 厘米以上为 1%～2%。土池每天投饵量,4 厘米以下为 3%～5%;4 厘米以上为 1%～2%。依此算出每天的投饵量后,把饵料分上下午 2 次或 3 次投喂,以提高饵料利用率。投喂量的增减要遵循顺序渐增或渐减的原则,切忌过量投喂,以免引起消化不良和暴发肠胃疾病。投喂 2 小时后要检查摄食情况,以确定投喂量的增减。饵料应投放在专门设置的饵料台上。腐败变质的饲料禁止饲喂,猪、鸡用的配合饲料中含有统糠(粗糠),也禁止饲喂,因牛蛙蝌蚪吃进腐败的饲料或粗糠(粗糠黏附于肠道上不消化),易患肠胃病而死亡。蝌蚪池内的残渣余饵每天应及时捞除。

(四)重视变态期的管理 牛蛙蝌蚪在前肢长出后、尾部收缩时,呼吸作用也因鳃的退化而靠肺来进行,所以不能长期潜入水中。因此,除了要保持安静的环境外,还要在池中搭放一些木板等物供变态幼蛙休息。

蝌蚪进入变态期后,由原来的完全水生生活过渡到水陆两栖生活。这时要将变态的幼蛙及时捕捉到水较浅、堤埂坡度较大的幼蛙池中去饲养。

蝌蚪伸出前肢的时候,变态即将完成,这时还有 1 个很长的尾部,其行动不便,可利用这个有利时机,将之捕捉到幼蛙池中。此阶段的蝌蚪已不再吃食,而仅依靠吸收尾部来作为营养来源,所以无需再投喂饵料。

四、幼蛙的饲养管理

牛蛙幼蛙是指脱离蝌蚪期后1～2月内饲养的小蛙,其体重一般在50克以下,生长迅速,但体质娇嫩,适应环境能力弱,尤其对寒冷和病害的抵抗能力更弱。因此应加强管理。

(一)幼蛙池的建造　可建水泥池,也可建土池,面积均不宜过大,尽量利用小面积的水面集约放养幼蛙。

水泥池可建数个,每个面积为30～50米²,四周池壁与池底垂直,池壁高为1米。池内要留1/4的陆地,并铺砖,用水泥抹面。池中陆地高度为40厘米。池水深度可随幼蛙的逐渐长大而从15厘米加至40厘米。池内一边设进水管,相对一边底部设排水管。为了方便幼蛙登陆,水面应与陆地面接近,或在水面和陆地的交界处搁置木板。夏季在水泥池上方仍应搭遮阳棚,以免幼蛙被暴晒。随着幼蛙的长大,幼蛙可能从池内陆地上跳出池外,所以水池上方要用网片盖好。

土池面积可在30～200米²之间,水陆面积比以1：1为好,池堤坡度为1：2.5,池的进水口与排水口之间要有一定的倾斜度,以便于池水排干。池深0.8～1.0米,保持水深0.6～0.8米。土池四周仍要设1.5米高的防逃网,以防止幼蛙逃跑。

无论用水泥池还是土池培育幼蛙,都应用池中2/3的水面来培植一些水生植物,如水花生、水葫芦等,土池陆地上要栽种一些阔叶树或花草,土池南岸仍要搭设遮阳棚,作为夏天降温和牛蛙隐蔽栖息之用。

(二)幼蛙池的消毒　用于幼蛙池消毒的药物一般为漂白粉或生石灰,用药量标准和消毒方法与蝌蚪池完全相同,消毒时间应于幼蛙放养前的7～10天进行,待消毒药物的毒性完全消失后才可放养幼蛙。

(三)幼蛙的放养　在自然界中,牛蛙以活虫为食,不吃死饵。

人工大规模养殖,活虫等天然饲料无法解决,因此需对其进行驯食,使之从幼蛙阶段开始学会摄食蚕蛹、禽畜内脏和人工配合饲料等,即平常所说的"死饲料"。实践证明:牛蛙幼蛙驯食效果的好坏与其放养密度的高低直接相关。放养密度宜高不宜低,目前,每平方米幼蛙池放养30日龄以内的幼蛙200只左右,30日龄以上的幼蛙100～120只。

(四)幼蛙的饲喂

1. **幼蛙饲料**　可分为两大类。一类为活体饲料,主要有黄粉虫、蝇蛆、蚯蚓、蜗牛、飞蛾、各种昆虫、小鱼虾等;另一类为"死饲料",主要有蚕蛹、猪肺、猪肝、鸡鸭内脏、碎肉、鱼块和人工配合的颗粒饲料等。

2. **喂食方法**　为便于清除残食,防止蛙池水质恶化,减少幼蛙病害的发生,喂给幼蛙的饲料必须投喂在食台上。食台可用泡沫板制作,也可用木框聚乙烯网布制作。用泡沫板制作,一般将泡沫板裁成长50～60厘米、宽40～50厘米、厚3～4厘米,再在其长边的中心点钻个小洞,将一根小竹竿穿过小洞固定在幼蛙池中即可。木框聚乙烯网布食台制作方法是:先做一个长60厘米、宽50厘米、高8～10厘米、厚2厘米的木框,然后将聚乙烯网布拉紧,用塑料包装带压条,再用小铁钉钉在木框的底部。若食台浮力不足,可在两端再缚一泡沫条,用以增加食台浮力。幼蛙以每250～300只搭设一个食台为准。

活饲料投喂可直接放在食台上,而死饲料投喂则需先对幼蛙进行驯食。驯食就是人为地驯养幼蛙由专吃昆虫等活饲料改为部分或全部吃人工配合饲料、蚕蛹等死饲料。牛蛙的驯食时间越早,驯化时间就越短,驯食效果就越好,饲料损失越少。一般要求在牛蛙幼蛙变态后的5～7天即应驯食。驯食的原理是:使饲料在水中移动,让牛蛙幼蛙误认为是活体饲料,从而完成摄食。

(1)拌虫驯食　是将蚕蛹、猪肺、鱼块和人工配合饲料等加工成直径小于 3 毫米的颗粒饲料放入食台中,按比例放上黄粉虫、蛆虫、蚯蚓等会爬行的活饲料。拌虫驯食一般分三个阶段,第一阶段 1/3 死饲料拌和 2/3 活饲料饲喂,第二阶段死饲料和活饲料对半拌和饲喂,第三阶段以 2/3 死饲料拌和 1/3 活饲料饲喂,每阶段 7～10 天。若效果不理想,可延长时间,直到幼蛙能直接摄食静态饲料为止。

(2)拌鱼驯食　是将木框聚乙烯网布食台布于幼蛙池中,使食台底部的网布沉入水中 4～5 厘米左右。将剁细的死饲料倒入食台上,使之在食台内漂浮。食台内再放入 20～30 尾活泥鳅和麦穗鱼。这些活鱼一进食台即会乱游乱窜,从而带动死饲料。

(3)抛食驯食　是在幼蛙比较安静的堤边斜搁一块小木板,小木板下面安放一个面积为 2～4 米^2 的较大型的食台。每天定时将饲料抛向斜搁的小木板上,让饲料沿着斜放的木板滚落到下面的食台上。

(4)滴水驯食　即在木框聚乙烯网布食台内放置 1～2 块小石块,食台网底沉入水中 4～5 厘米,食台的正中上方设一条小水管,水连续不断地滴入食台正中,荡起水波和涟漪,再将静态饲料放入食台,其在水滴的作用下不断地漂动。

(5)震动驯食　是将弹性很好的弹簧安装在食台底部的正中或四角,将食台安装在牛蛙池四周的堤埂边或池中陆岛上,食台底部离地面 5～7 厘米,食台上设放死饲料和少量的蛆虫、蚯蚓等,牛蛙看见蛆虫、蚯蚓即会跳上食台。随着牛蛙不断地跳上和跳下,食台上下震动带动了死饲料不停地震动和滚动。

牛蛙幼蛙食欲十分旺盛,一天之中摄食的时间一般都在 6～7 小时以上。因此,投饲量宜多不宜少,一般每日投喂 3～4 次,每次投喂的饲料以 2～3 小时内吃光为佳。日投饲量约为蛙体总重量的 10%～15%。

投饲要坚持“四定”,即定时、定量、定质、定位。一般日投 4

次,即上午8时、11时,下午2时、5时各1次;饲料直径不宜大于3毫米,每次投喂的饲料应在2～3小时内吃光;牛蛙有大吃小、同类相残的习性,驯食期间,不宜将野生幼蛙或野生蝌蚪作为牛蛙饲料,以免驯食失败;驯食不可操之过急,逐渐培养其对饲料引起条件反射的能力。驯食期间,要逐步减少活饲料,增加死饲料。对已驯化的牛蛙仍应坚持在固定的时间和地点投喂饲料;牛蛙幼蛙移至新环境时,往往不取食,躲在遮阳处或蛙巢内很少活动。遇这种情况,一是增加活饲料的投喂量,二是对不吃食的幼蛙捉住后强制填喂蚯蚓、黄粉虫等,促进开食。

(五)幼蛙的管理

1. **遮阴** 牛蛙幼蛙体质比较脆弱,惧怕日晒和高温干燥。将牛蛙幼蛙放在高温干燥的空气中暴晒0.5小时即会致死。致死的原因一是高热,二是严重脱水。遮阳棚一般用芦苇席、竹帘搭制,面积宜比食台大1倍左右,高度高出食台平面0.5～1.0米即可。也可采用黑色稀编的塑料网片架设在幼蛙池上方1.0～1.5米处遮阴,既降温,又通气,效果较为理想。此外,在牛蛙幼蛙池边种植葡萄、丝瓜、扁豆等长藤植物,再在离幼蛙池水面1.5～2.0米高度处搭建竹、木架,既为幼蛙遮阴,又能收获作物。

2. **控温** 牛蛙幼蛙较适宜的生长温度为25～30℃。温度高于30℃或低于12℃,牛蛙即会感到不适,食欲减退,生长停止,严重的甚至死亡。盛夏降温措施通常是使幼蛙池水保持缓慢流动或更换部分池水。一般每次更换半池水为宜,新水与原池水的温差不超过2～3℃。还可以搭设遮阳棚或向幼蛙池四周空旷的陆地上每天喷洒1～2次水。越冬保温措施包括建塑料大棚、建蛙巢、引用地热水等,使其安全越冬。

3. **防污** 要经常清扫食台上的剩余残饵,洗刷食台。晴天,可将洗刷干净的食台拿到岸边让阳光暴晒1～2小时后放回原处;若遇阴雨天,则将洗刷干净的食台放在石灰水中浸泡0.5小时,彻底杀灭黏附在食台上的病原体。及时捞出池内的病蛙、死蛙以及其他腐烂物质,保持池水清洁。经常消毒幼蛙池,每隔 10～15 天用 1 克/米^3 浓度的漂白粉溶液对幼蛙池进行泼洒消毒 1 次,杀灭池水中的各种病原体,以防幼蛙发病。一旦发现幼蛙池水开始发臭变黑,则应立即灌注新水,换掉黑水臭水,使幼蛙池池水保持清新清洁。

4. 除害　老鼠、蛇是牛蛙的天敌,对幼蛙的危害更为严重,用鼠药灭鼠和人工捕捉、驱赶蛇是常用的有效方法。

5. 分养　在人工高密度饲养下,牛蛙幼蛙的生长往往不一,蛙体大小很不匀称,相差悬殊。同期孵出,同期变态的幼蛙,经 2 个月饲养,大的个体可达 100 克以上,小的个体还不到 20 克。因此,在牛蛙幼蛙饲养期内要经常将生长快的大蛙拣出,分池分规格饲养,力求同池饲养的牛蛙幼蛙生长同步,大小匀称,方可避免大吃小的现象发生。

五、成蛙的饲养管理

牛蛙幼蛙经 2 个月左右的饲养,体重长至 50 克左右即转入成蛙池养殖,饲养成蛙的目的是提供可食用的商品蛙和选留种蛙。牛蛙成蛙饲养管理的好坏,直接影响到商品蛙价格的高低和种蛙质量的优劣。

成蛙的管理与幼蛙基本相同,但成蛙的活动能力强,善跳跃,故应注意围墙的维修,防止外逃。成蛙摄食多,排泄的废物也多,要经常保持水质清洁不被污染。夏天最好每天换水,换水量为 1/2,新水与原池水温差不得超过 2℃。成蛙饲养密度因饲养方式不同而不同。

(一)成蛙池的选择与设计　成蛙相比幼蛙,适应能力和捕食能力大为提高。因此,成蛙养殖场地面积可大些,如各种天然积水池、坑塘、鱼池、杂草丛生的洼地、稻田等,也可利用房前屋后的瓜棚、树荫、庭院的葡萄架下建池,或者空房、猪舍、地下人防设施等进行室内养殖。牛蛙的饲养对水的需要量不大,但要有可靠的水源。

成蛙的后腿发达有力,不仅善于跳跃,还会掘土打洞,爬墙上树。因此无论室内或室外的养蛙池,都要有防逃设施。牛蛙虽善于跳跃,但是基于站在可供用力的陆地或其他硬物之上,若在水中,则无用力之处,便无法跳起。因此,为了减少防逃设施的成本,在蛙池周围不留可立足的陆地,水深至少要在牛蛙后腿踩不到底的深度以上,则防逃设施只要高出水面 50 厘米左右,或在建池时,池壁高出水面 30~40 厘米,再在池壁上围一圈向内倾斜的纱网即可。

在高温季节,牛蛙喜欢栖息于阴凉水中,蛙池周围应多种高大树木遮阴,无树木者,可搭荫棚,大的池塘或洼地,还可在其中种植莲藕或其他叶多叶大的挺水植物,周围陆地多植花卉,既可吸引虫蝶,又可美化饲养环境。

牛蛙养殖池内都不应设置隐蔽的死角或洞穴。在自然条件下,牛蛙可以利用隐蔽物或洞穴作为栖息场所或逃避敌害。在人工养殖条件下,整个饲养池都是适宜的栖息环境,又没有什么敌害侵袭,故没有设置隐蔽场所和洞穴的必要。相反,牛蛙长时间躲在隐蔽处,影响摄食和生长。成蛙若要在室外越冬,只需把池水加深到 1 米左右,不需搭棚保温,也能安全越冬。

在有温泉水或工厂余热的地方,可以利用热源进行冬季加温养殖。

室内养蛙是高度集约化的养殖。为了充分利用面积,室内蛙池设计应分为浅水区和深水区,浅水区为蛙的栖息和摄食的场所,深水区为蛙游泳和接纳排泄污物的区域。浅水区保持水深 10 厘米左右,深水区水深 30~40 厘米,进水口在浅水区,出水口在深水区,进、出水口成对角线。深水区只占整池面积的 1/5~1/4,可设在池的一头、四周或出水口附近。

(二)成蛙半精养 利用鱼池、洼地、稻田、藕塘等进行养蛙,由于面积大,蛙较分散,密度也不大,产量不高,一般多以天然饵料为主,颗粒饲料为辅的方式养殖,称为半精养。

将体重 100 克以上的牛蛙放入以上大池或稻田,设几个浮于水面的饲料台,按精养方式每天投饲。但由于蛙不容易集中摄食,有一部分蛙没有吃到人工饲料,可用天然饵料补充。获得天然饵料的主要方法是灯光诱虫。昆虫对不同的灯光有一定的选择性,诱虫效果黑光灯优于日光灯,日光灯又优于普通电灯和白炽灯。诱虫的时间可从 4 月初开始,至 10 月初结束,刚好是在牛蛙的最适生长期内都有虫可诱,而虫的多少也几乎与牛蛙对饵料的需求量相吻合。因此,若能很好地利用灯光诱虫,可解决牛蛙的大部分饵料,白天再投喂少量配合饲料,效果更好。

诱虫灯的位置设在离岸 2 米左右的水面上方 0.3~0.5 米处,周围不应有高大的建筑物,以免遮挡灯光,影响诱虫效果。开灯时间视具体情况而定,一般是傍晚开灯,诱虫主要在上半夜,下半夜较少。若蛙多虫少,也可通宵开灯。下雨、大风天气则不宜开灯。

半精养方式,牛蛙放养密度不宜过大,每平方米可放 10~30只,具体视饵料条件而定。

(三)成蛙室内集约化养殖　是在常规养殖基础上发展起来的一种新型的养殖方法。其通过控制环境,创造良好的生态条件,充分满足牛蛙生长的营养需要,进行强化培育。尤其是随着牛蛙人工配合饲料的研制成功,更能发挥其高效的特点,是发展牛蛙商品生产的一条重要途径。

室内的养蛙池一般面积 10~20 米^2 不等,要有自来水或井水通向各池,以便换水和冲洗。为了节约面积,充分利用空间,可采用多层次的立体养殖结构,一般以 2 米为一层,以水泥预制板架设而成,层与层之间设置楼梯,以便上下操作管理。各层的结构设施均相同。

成蛙养殖的日常管理大体与幼蛙相同。但放养密度不同,体重达 100 克以上的蛙,每平方米放养 50 只,可以一直养到商品规格;若放养时的体重不到 100 克,密度可稍大些,以后随着蛙体的生长,逐步将生长迅速、个体大的蛙,筛选分级饲养或销售,同时也可降低该池的密度。

在常温条件下,成蛙的养殖是 4～10 月,也是蛙类生长的最佳时期。因此要有充足的饵料供应。在 22～28℃条件下,每天可投喂 2～3 次,配合饲料的投喂量要占蛙体重的 3％,新鲜饵料水分含量高,投喂量要在 10％左右,才能满足蛙的营养需要。若温度低于 22℃或高于 28℃,可适当减少投喂次数和投喂量。炎热天气要把门窗打开,利于室内通风;天气转凉后,要及时关闭门窗,以便保温。

为养成牛蛙按时摄食的习惯,可在投饵前敲响器具,或将室内电灯打开,作为给饵信号,久之形成条件反射,一有信号,牛蛙就集中到浅水区摄食。

牛蛙的配合饲料是经过高温加工而成的,饲料中的维生素损失较大。成蛙在养殖一段时间后,体重在 200～250 克时,可补充投喂一些新鲜小鱼虾、蚯蚓及动物内脏等,起到补充维生素的作用。

成蛙养殖的日常管理,除了定时投饵外,还要每天换水,清洗食场,注意观察蛙的健康状况,及时防病治病,严防蛇、鼠侵袭等。有条件的地方,可以进行加温养殖,一年可生产两批商品蛙。

(四)成蛙野外粗养 野外粗养是投饵养殖成蛙的一种方法。条件适宜的稻田、山溪、湖汊、沟渠均可养殖。

1. 稻田养殖 凡水源充足、灌排方便、田土为黏壤土、保水力强的稻田均可用于养殖牛蛙。先要挖好养殖沟,沟宽 1～2 米、深 0.5 米,长依稻田长度而定。养殖沟相隔 40～50 米,一般按“井”字形开挖。为减少牛蛙的逃逸,田埂边沟尽量不挖。养殖沟可于水稻插秧前事先挖好,也可在栽种的秧苗返青后开挖。种稻前挖好的养殖沟,沟内不再种稻;栽种秧苗返青后开挖的养殖沟,只需将沟内已栽的秧苗连土挖起,移栽到蛙沟两边的稻丛间隙处即可。纵向养殖和横向养殖的交汇处可适当挖大一点,一般挖成面积 4～5 米² 的小坑,以便今后在此设饲料台辅助投饲和安装黑光灯诱虫喂蛙。

养蛙稻田的四周田埂上还应建立防逃用的围栏设施,玻璃纤维瓦、聚乙烯网布均可。下端埋入土中,用竹、木架加固,以防被强风吹倒和暴雨冲垮。进水口和出水口要建拦网,以防牛蛙逃逸。

幼蛙放养一般于稻田插秧半个月左右秧苗返青后进行。每公顷稻田放养体重 50 克左右的幼蛙 15 000～22 500 只。同一田块放养的幼蛙规格尽量整齐,大小一致,以免发生大吃小的现象。

为增加牛蛙的活饲料和消灭稻田害虫,养蛙稻田要点灯诱虫。诱虫灯一般点在稻田纵、横养殖沟的交汇处小水坑的上方,离水面 30～40 厘米。每个小水坑上方安装 1～2 盏诱虫灯。若前一天夜晚所诱昆虫较少,则应在诱虫灯下的饲料盒中补充部分蚕蛹等饲料。养蛙期间,稻田的水深应保持 8～10 厘米。当水稻需要搁田、烤田时,应慢慢放水,以便牛蛙进入蛙沟,继续生长。养蛙稻田应多施有机肥,少施化肥。因为部分化肥如碳酸氢铵等可对牛蛙产生药害。一定要追施化肥时,应改原来的撒施为球肥深施,或制作成颗粒肥料施放。这样既能提高肥效,又能减少对蛙的药害。牛蛙喜食水稻害虫,是水稻害虫的天敌,素有"稻田卫士"的美称。加上目前常用的农药大多会毒杀牛蛙,因此养蛙稻田最好不施用农药。一定要施农药时,应先放干田水,将蛙赶至养殖沟内再施;或者将养蛙稻田一分为二,一半今天施,另一半明天或后天施。施药时,尽量改水剂为粉剂喷洒,以减少药剂落入稻田中,减轻药害。为防止盛夏养蛙稻田水温过高,稻田最好种单季晚稻。双季稻田养蛙,早稻收获后,即应在稻田纵横沟交界处的水坑上方搭一个面积较大的遮阳棚,避免日光暴晒,防止稻田水温过度升高。养蛙稻田的越冬工作是挖深养殖沟,使沟蓄水深度达 1 米以上。沟上方覆盖草帘或塑料薄膜,确保沟水不结冰。稻田中危害牛蛙的天敌较多,如蛇、鳝、鼠等,应想方设法防除。

2. 山溪养殖 养蛙场地宜选择在丘陵山区较为平坦的溪流边,山坡坡度不大于$15°$,整个场地具有牛蛙两栖生活的天然条件。

山溪养蛙属野外粗养。要将牛蛙圈养在选定的山溪蛙场内,蛙场四周必须建立牢固的围栏设施。山溪蛙场一般由溪流和溪边陆地组成,溪中有水部分用聚乙烯网片围栏,溪边陆地部分用玻璃纤维板围栏。拦网网目大小一般根据放养的牛蛙幼蛙的大小而确定。幼蛙个体重约50克,拦网网目不大于1.5厘米;超过50克,拦网网目以2厘米为宜。为增加牛蛙在山溪场地内的栖息场所,还应在溪边陆地上挖建一定数量的蛙池。每池面积为$300\sim400$米^2,池深$40\sim50$厘米,一般每$1\,000$米^{2}溪边陆地挖一个。蛙池内种植一些挺水植物,使之成为沼泽地,便于牛蛙栖息,每公顷山溪蛙场放养50克左右的牛蛙幼蛙$7\,500\sim12\,000$只。

山溪养蛙,主要以山区野外昆虫为食。在场内每个人工挖建的蛙池上方点灯诱虫,以便牛蛙获得较多的食物。山溪养蛙,常有洪水危害。防洪措施一是围栏设施要牢固,二是围栏要高出洪水位50厘米,万一被洪水淹没,不致全场牛蛙外逃。为了保蛙安全,最好在养蛙场山溪上游$300\sim400$米处修建一座简易的导洪围堰坝,将洪水导向场外,以免洪水直冲蛙场。还要注意消灭鼠、蛇危害。

3. 湖汊养殖 湖汊水陆相济,芦苇丛生,水草繁茂,是养殖牛蛙的天然场所。凡无毒无害无污染侵袭,水深$1\sim2$米,湖底平坦,水生植物茂盛,岸边有一定陆地面积的湖汊,均可建场养牛蛙。一般水与陆地各占一半。蛙场面积因地制宜,以$0.3\sim0.6$公顷为佳,四周建立围栏设施。蛙场的围栏一般用聚乙烯网片制作。水中围栏网片的下纲用重物压底,上纲高出水面0.5米左右,并与毛竹围墙紧紧缚牢。岸上部分的围栏先打好竹桩,架好围架,然后将网片下纲埋入土中10厘米以上,再将网片上纲拉起与竹桩围架缚牢,勿留下空洞。水中的围栏也可用竹箔,造价虽高些,但围栏效果更佳。湖汊蛙场条件较为优越,养殖密度可相对提高。一般每公顷蛙场放养体重 50 克左右的牛蛙幼蛙 15 000 只左右。

湖汊水陆相济,昆虫繁多,可以通过灯光诱集大量的天然昆虫给牛蛙吃。湖汊蛙场内麦穗鱼、青虾、白虾等小鱼虾资源丰富,可利用空闲时间捕捞饲喂牛蛙,效果较好。湖汊养蛙,水中围栏的网片较易破损,要经常检查围栏的网片,一旦发现破损应及时修补,杜绝牛蛙外逃。湖汊蛙场内的芦苇、水草既为牛蛙遮阴,又为牛蛙提供较为丰富的饲料,是牛蛙赖以生存和生长的十分重要的生态环境条件,应加以保护,严禁刈割。

4. 沟渠养殖　我国农村灌溉渠、排水沟,尤其是山区半山区大小水库的灌溉水渠常年流水,只要加以适当改造和修整,均可用来养殖牛蛙。凡常年有水,水流不急,无毒、无害、无污染水侵袭的沟、渠及其周边陆地均可用来建场养殖牛蛙。沟渠蛙场因地制宜建造,面积可大可小,四周应建好围栏,杜绝牛蛙外逃和天敌的侵入。围栏的建造可参考山溪和湖汊养蛙,关键是沟渠有水部分的围栏,既不妨碍沟渠流水,又要有效拦住牛蛙。每公顷蛙场放养体重 50 克左右的牛蛙 12 000～15 000 只。幼蛙的放养规格要求规格匀称、大小一致。

点灯诱集昆虫是野外粗养牛蛙的主要方法。蛙场内的沟渠边应多种一些黄豆、绿豆等豆科植物或丝瓜、葡萄等瓜果植物,既为牛蛙遮阴、降温,改善生态条件,又能收获作物。还要注意消灭蛇、鼠等牛蛙的天敌。

(五)人工精养

1. 池塘养殖　为了减少人工精养期间的病害,在幼蛙放养前的 7～10 天必须对成蛙池进行彻底的消毒。幼蛙放养密度需根据幼蛙个体大小、饲养管理水平的高低而灵活确定,一般每平方米精养池放养体重 50 克左右的幼蛙 20～40 只。在养殖过程中要经常拣大留小,调整养殖密度。经过驯食的幼蛙转养成蛙时,大多能吃蚕蛹、猪肺、人工配合的颗粒饲料等死饲料。因此,人工精养牛蛙成蛙的饲料主要是死饲料。有条件的蛙场,辅助投喂一些蚯蚓、泥鳅、小鱼、小虾、昆虫等活饲料,效果更佳。由于成蛙个体较大,食台的数量应适当增加。一般按 70～80 只成蛙搭设 1 个食台为宜。食台搭于饲养管理较方便、环境较安静的池边。喂食必须严格实行"定质、定时、定位、定量"的原则。牛蛙每日摄食量的多少与温度的高低有紧密关系。一般温度 20～30℃时,日投喂量以占蛙体总量的 10％为佳;温度低于 20℃或高于 30℃,日投饲量应适当减少,为蛙体重的 5％～7％。天气闷热或下大雨时,要少喂或停喂。冬季牛蛙冬眠和夏季温度超过 30℃以上时,停止喂食。

牛蛙成蛙的管理与幼蛙管理基本相同。应在蛙池内建立蛙巢,蛙巢一般建在池边水陆交界处,用石棉瓦构筑。构筑时,先用砖头或泥土堆砌成高 30～40 厘米的矮墩,两个矮墩的间距稍短于石棉瓦长度,然后将每张石棉瓦放在两个矮墩上即成。人工精养蛙池的蛙巢数量一般按每 50～60 只成蛙搭配建 1 个。人工精养蛙池边要种遮荫植物,如葡萄、丝瓜等,搭棚遮阴,避暑降温。切实做好控温工作。夏秋两季要遮蔽降温,冬春两季要保温防冻。夏秋季降温主要通过遮荫、换水和洒水实现。蛙池水最好 1～2 天换1 次,每次换水量约为全池的 1/2。换进的新水宜比原池水温低2～3℃。冬初温度下降到 10℃时,则要做好保温防寒工作。在牛蛙没有移入越冬池前,可用塑料薄膜覆盖在蛙巢上面,使巢内温度提高 2～3℃,以利其越冬。在下雨天或雨后的晚上,牛蛙十分活跃,最易逃跑,养蛙者要加强巡池,做好防逃工作。食台上的残饵要每天清除;食台要 2～3 天洗刷 1 次,并放入石灰水浸泡消毒后再用。池内发现病蛙和死蛙应及时捞出埋掉。一旦发现池水变黑发臭要立即换水。每隔 7～10 天,用 0.5～1.0 克/米³ 浓度的石灰水进行全池泼洒消毒,以防池水污染。还要做好除灭蛇、鼠敌害和蛙病防治工作。

2.庭院养殖　此法养殖面积虽小,但养殖密度高,饲养管理方便。庭院蛙池因地制宜,面积不限,土地、水泥池均可。土池建造同精养的成蛙池。水泥池用砖头、水泥浆砌,内外壁用水泥抹平。池壁高1米,蓄水10厘米。池底中心安排水管,管口罩铁筛网防逃,打开排水管阀门能排干池水和污物。蛙池上端要装进水管。无污染的河水、井水和自来水均可作为水源供水。池口罩聚乙烯网片防逃。池内一侧放置1/3左右的砖头或石棉瓦,供牛蛙登陆休息。池中间放置饲料台,供牛蛙定位取食。庭院养蛙一般都采用高密度集约化养殖,每平方米放养体重50~60克的幼蛙30~40只。投喂的饲料要鲜活、适口,营养全面。有条件的,最好每天投喂蚯蚓、黄粉虫、泥鳅、小鱼虾等饲料。若活饲料不足,也可掺杂拌喂蚕蛹、人工配合颗粒饲料。饲料要投喂在食台上,投饲的时间要固定,一般日喂2次,早晨和傍晚各1次。饲料量要充足,一般日投喂量约为蛙体总量的15%左右。庭院养蛙,面积少,水浅,再加上养蛙密度高,粪便排泄物多,池水极易恶化。因此,需每天换水清池,确保蛙池的清洁,减少蛙病发生。换水清洗的时间一般在傍晚所投饲料吃完后进行。放掉当天的旧水后,还应将蛙池内的残饵扫除,将饲料台冲洗干净,然后注入新水,保持10厘米水深。

3.阳台养殖　这是近几年出现的一种人工精养新方法。蛙池依阳台的形状、大小灵活建造,一般建成长方形,面积大多为0.5~1.0米²,池高70~80厘米,池底装有控制阀门的排水管,打开阀门能排干池水。池口安装自来水龙头,需水时打开龙头即可注入自来水。蛙池靠墙和靠栏栅的三面用砖头水泥浆砌,白瓷砖贴面、贴底。剩余一面用厚为8~10毫米的平板镶嵌,并用玻璃胶揩缝,杜绝漏水。蛙池蓄水8~10厘米深。池内散放7~10张瓦背朝上的瓦片,瓦背作牛蛙出水登陆的"陆地",瓦下空穴作牛蛙隐藏休息的蛙巢,池口覆盖一片防逃的网片。阳台养蛙,各种条件全人工控制,幼蛙放养密度可相对高一些。一般每平方米放养体重50～60克的幼蛙50～60只。

阳台养蛙采用全人工投喂饲料的方法。饲料主要是家庭的杂菜,如鸡鸭内脏、小鱼虾、猪牛肉碎末、蔬菜帮叶等。喂食前,先将饲料冲洗干净,发软,再用刀切成长、宽、厚各为0.5厘米的细块,掺拌均匀后即可投喂。这样制作的蛙饲料,营养丰富,十分有利牛蛙生长。可采用直接填饲法。一般每日投喂饲料1次,大多傍晚进行,日喂新鲜饲料约为蛙体总重的20%左右。

六、越冬期管理

当外界环境温度降到10℃以下,牛蛙体温随之降低,新陈代谢减慢,摄食停止,活动减少,直至完全不吃不动,潜伏洞穴和水底,进入冬眠。牛蛙冬眠期间,靠消耗自身体内积累的脂肪来维持生命。因此,冬眠会使牛蛙的体重减轻,体质减弱,抵抗疾病和敌害的能力下降,容易造成牛蛙的大批死亡。认真做好牛蛙的越冬管理工作,确保牛蛙安全越冬,是牛蛙养殖生产中的一项重要工作。在我国,除海南、广东、广西部分亚热带地区的常年气温在10℃以上外,大部分地区冬季气温都低于10℃,地理纬度越高的地区,牛蛙的越冬时间就越长。

(一)蝌蚪越冬管理 牛蛙蝌蚪越冬池可因地制宜。要求蓄水深度达1米以上,这样即使隆冬季节越冬池表面水结冰,底层水温仍可维持4～5℃,不至于冻伤冻死牛蛙蝌蚪。水源要充足,灌水排水要方便,以便随时补水增氧,使牛蛙蝌蚪安全越冬。若采用土池、水泥池越冬,越冬前7～10天应进行1次药物消毒,彻底杀灭池内的病原体和敌害生物。静水式越冬,一般是一次性给越冬池灌注1米多深的池水,以后较少加水补水。放养密度一般每平方米水体放养体长3厘米的蝌蚪1 000～1 500尾。流水式越冬,放养密度可以高一些,一般每平方米可放养体长3厘米蝌蚪2 000～

2 500尾。但要注意,水流速度要控制,一般不能超过0.1米/秒。水流太快和交换量太大,会导致越冬蝌蚪的能耗增加,体质减弱。网箱越冬,网箱由网目0.5厘米的聚乙烯网片制作,规格为长5米、宽3米、深2米的长方体网箱。一般每平方米网箱水体可放养体长3厘米的蝌蚪1 500～2 000尾。越冬时,网箱口用网片缝合,浮于水面或沉于水中。室内越冬,大多建水泥池,或用农家的大水缸。一般每平方米水体可放养体长3厘米的蝌蚪2 000～2 500尾。室内越冬成本较高,且长期不见阳光,蝌蚪较易患病。因此,非特殊需要一般不采用。

越冬池经常补水,水深以大于1米为佳。当池内水深少于1米时应及时补加水至1米以上。这样既能保持池底层水温在4～5℃左右,同时又给池水增加了氧气。补水时要注意新水与原池水的温度差不宜越过2～3℃。平时应注意调节水质,水质要良好,溶氧要充足,透明度60～80厘米,水中无有害气体和物质存在,最好每隔10～15天更换一次池水,使池水保持鲜活嫩爽。御寒保温可采用覆盖塑料薄膜和草帘、电热棒加热、下沉网箱等措施,使水温保持在5～8℃,即蝌蚪越冬的最佳温区。及时破冰,切勿使冰面封池,导致缺氧泛池事故发生;一旦发生浮头,则应立即灌注含氧丰富的新水或开增氧机急救。若越冬池水温逐渐回升到10℃以上时,可在水温较高的中午适量投喂一些营养较为丰富的精饲料,所投饲料以4～5小时吃光为宜,日投饲量约为蝌蚪总重的1%左右。注意防病,尤其是水霉病、出血病等疾病。

(二)幼蛙成蛙越冬管理 在自然条件下,牛蛙既能在地下冬眠,也能在水下冬眠。地下冬眠的牛蛙大多潜伏在离地面30～40厘米深冻土层下面的洞穴、树根空隙处。水下冬眠的牛蛙则钻埋在水深60～100厘米的池底淤泥及水草丛中。但若越冬池水深降到20厘米以内而池水又静止不流动时,牛蛙有可能随水面的结冰而被冻死。

1. **塑料大棚越冬** 由于塑料大棚吸收太阳光热能,又能密封保温,所以棚内牛蛙池水始终不结冰,水温不低于4℃。若遇连续晴天,光照充足,有时大棚内气温会超过25℃,水温会超过15℃。此时,棚内越冬的牛蛙会摄取投喂的饲料。采用塑料大棚越冬,牛蛙幼蛙和成蛙的放养密度每平方米蛙池分别以80～100只和50～60只为宜。

2. **挖洞越冬** 每年10月底至11月初,在牛蛙养殖土池水线上方20～30厘米处,用直径为5～7厘米的尖头木棍在四周堤埂上向下斜捅一些泥洞,洞深30～40厘米,洞径8～10厘米。此洞即可作为牛蛙的越冬洞穴。一般一个洞穴内有5～7只牛蛙聚集越冬。到11月底,在洞口堆放一些稻草以保温,牛蛙大多能平安越冬。

3. **加深水层越冬** 先将原蛙池四周堤埂加高到1米以上,然后注入新水,使蛙池蓄水深度超过1米。当气温、水温逐渐下降到10℃以下,池内牛蛙会自然潜入水底淤泥中越冬。经测定,池底泥温比水温约高2℃左右,牛蛙潜入其中越冬较为安全。

4. **蛙巢覆盖薄膜越冬** 目前,人工规模养殖牛蛙的蛙巢大多用石棉瓦搭建而成。越冬时,在石棉瓦上面覆盖1～2层塑料薄膜,并用糊泥将薄膜与蛙池边封闭,蛙巢即可作为牛蛙越冬场所。

5. **地窖越冬** 先在牛蛙养殖池向阳的池边开挖一个长5米、宽3米、深0.5米的小池。池口与养蛙池相通。再在新开挖的小池上面架上木板竹帘,其上再铺一层厚5～10厘米的稻草或茅草。最后用泥土覆盖在稻草或茅草上层,厚约20厘米,使之成为一面邻水的地窖。地窖内水陆相间,温暖湿润,可容纳500～800只牛蛙越冬,成活率很高。

6. **草堆越冬** 在原牛蛙养殖池向阳背风的一边,先铺50厘米左右的松土,上盖草料,保持湿润。再在草堆外覆盖一层塑料薄膜,并用烂泥压封,牛蛙会自行钻入草堆内的松土中越冬。

7. **瓦盆埋土越冬**　用大小相同的两个瓦盆,下面一个放一些湿润泥土,埋入土中 40～50 厘米深。然后把牛蛙放进去,把另一个瓦盆倒扣在上面即可越冬。天气特别寒冷时,在瓦盆四周堆放一些稻草保温,效果更佳。

8. **缸桶越冬**　先在水缸或木桶里装上厚 20～30 厘米的松土,中间高,四周低,洒入少量水使泥土略带湿润,然后放入越冬的牛蛙,再盖上一层稻草保温。缸、桶口再用塑料薄膜覆盖,但要每隔 2～3 天掀开薄膜一次,以便气体交换。越冬缸、桶一般置于朝阳的阳台上。这是阳台养蛙越冬的好方法。

9. **利用温泉水调温越冬**　在温泉附近建造牛蛙越冬池。面积 60～100 米², 水深 1 米左右,越冬池四周设防逃设施,温泉越冬池的水温以 23～28℃ 为佳。这样的水温,即使在严寒的冬天,牛蛙不仅安全越冬,而且还能吃食、生长和发育。

10. **利用工厂余热加温越冬**　在厂矿附近挖建一个预热池和一个越冬池,预热池水温达到 23～28℃ 时,再注入牛蛙越冬池,不可将废热水直接引入牛蛙越冬池,以免水温过高或含有毒物质而烫死或毒死牛蛙。

越冬管理主要是控制越冬温度,越冬环境温度最好控制在 10～15℃,越冬水温最好控制在 5～10℃。在此温区,牛蛙处于半休眠状态中,新陈代谢水平低,耗氧低,便于管理。若有条件,可将水温调节到 23～28℃,以利牛蛙变冬眠为冬长。越冬期间,最低水温不能低于 0℃,否则牛蛙会被冻伤甚至冻死。因此,在牛蛙越冬期间,要每天观测气温、水温、调控好温度;同时注意调节水质,要适当注水、换水、保持良好水质。对于半旱式越冬的牛蛙,要长期保持泥土的湿润,保持环境安静。牛蛙越冬期间,不吃不动,处于休眠状态,代谢水平很低,消耗能量最少。若环境喧器或人为干扰,会引起越冬牛蛙的不适或迁移,则会使代谢水平升高,能量消耗增加,体重明显减轻,严重时甚至发病和死亡。除必要的注水、换水和洒水外,一般不要惊吓干扰牛蛙。适量投喂饲料,牛蛙在越冬时为维持生命要消耗大量的能量,越冬前 0.5~1 个月,要给牛蛙多喂脂肪、蛋白质含量丰富的动物性饲料,使牛蛙在越冬前积累较多的脂肪,提高对严寒的抵抗能力,以利安全越冬。越冬后期,当气温、水温逐渐回升到 10℃ 以上,牛蛙逐渐苏醒,在晴天的中午可适当投喂一些高蛋白质的饲料,如蚯蚓、黄粉虫等,日投饲率达 0.5%~1.0%(蛙体重)即可。还要做好防止敌害侵袭和防治蛙病工作。

第八节　牛蛙疾病防治

牛蛙人工养殖,不仅避免了蛇、鸟类等敌害的侵扰,而且控制了外界病原体的侵入,病害相对比较少,发病率也较低。如在池塘养殖中常见的胃肠炎、红腿病、肿腿病、烂皮病等,在集约化养蛙中均极少发生。但是,对于病害的预防仍不可忽视,因为集约化养蛙池养殖密度较大,一旦发生疾病则蔓延极快,如处置不当容易造成较大的损失。日常管理中应严格观察和掌握牛蛙的活动情况,如发现蛙的体色、行动或摄食出现反常,即应着手诊断处理,将病蛙隔离治疗。现将常见疾病及其防治方法简介如下:

一、红腿病

【病　症】　病蛙行动迟缓,食欲下降。病蛙后腿和腹部出现点状出血,继而扩大为红色斑块,并可感染至体表及肺、肝、脾、肠等部位,使组织坏死、出血,腹部膨胀。患病牛蛙精神不振,跳跃无力;头、嘴、下颌、腹部、腿及脚趾上多处充血、水肿,有时还有溃疡灶;临死前呕吐、排血便。病重时,腿部肌肉明显充血。常与肠胃炎等病并发。该病发病快、传染性强、死亡率高,是危害牛蛙最为严重的疾病之一。剖解病蛙,体腔内有大量无色透明的腹水,肝、脾、肾肿大,肺、肝、脾有出血点,有时肝、脾呈褐色。

【病　因】　水质恶化,放养密度过高是诱发该病的重要条件。主要病原为嗜水气单孢菌和不动杆菌。

【流行情况】　牛蛙自蝌蚪至成蛙均易患此病。一年四季都可发生,主要发病季节在 5～10 月份。尤其是水温为 20℃时,病情最为严重。浙江宁波等沿海地区发病较高,如采用干法越冬,则在越冬期间也可发生该病。该病经口和皮肤接触传染。当水质恶化、蛙体受伤、营养不良、水温和气温温差大时,更易暴发流行,死亡率高。

发病率一般为 20%～30%,病死率在 20%～50% 之间,高者可达 80% 以上。

【预　防】　①蛙池使用前,要用浓度 2 毫克/千克漂白粉或生石灰浸洗 30 分钟。合理建造蛙池,慎重操作,避免蛙体受伤。②定期换水,保持水质清新。③控制养殖密度,每 1 000 米² 不超过 1 400 只。④引进蛙卵、蝌蚪、幼蛙时要检疫,避免带入病原。⑤保证饵料质量,合理饲喂,增强蛙体抵抗力,投喂足量的优质饲料,不投喂有病、死亡的野生青蛙、蝌蚪及鱼类。⑥定期进行药物预防。每立方米水体用 0.3 克红霉素或 1 克漂白粉全池泼洒,用 10 克/千克漂白粉溶液刷食台和饲喂用具。⑦用红腿病菌苗腹腔注射,每只 60～80 克牛蛙注射 0.4 毫升,有良好的预防效果。⑧在蛙饲料中拌入"蛙病宁"、磺胺甲噁唑(SMZ)等药物投喂,对病蛙有较好的疗效。

【治　疗】

1. 遍洒法　每立方米水体用氟哌酸 0.05～0.1 克,或硫酸铜 1.5 克,或五倍子 1.5～3 克,或二氯异氰尿酸 0.5 克,全池遍洒。

2. 药浴法　每只牛蛙用 8 毫克/千克硫酸铜溶液浸泡 15～30 分钟,或用 20%磺胺脒溶液浸泡 24 小时,或用 100 毫升 25%葡萄糖生理盐水加 40 万单位青霉素钾,浸泡 3～5 分钟。

3. 口服法　用 100 毫升 25%葡萄糖生理盐水加 40 万单位青

霉素钾,以注射器口腔灌注,每 200～250 克重的病蛙灌药 2 毫升。或每天按 100 千克蛙 15 克鱼泰 8 号的量拌饵投喂,连投 5 天。

4. **注射法**　病情严重时,可按每千克蛙用 5 万单位庆大霉素加 10 毫升 10%葡萄糖液腹腔注射,每天 1 次,同时,在病蛙体表病灶处涂抹鱼泰 8 号,直至痊愈。

5. **涂抹法**　用红霉素软膏涂抹于牛蛙体表病灶部位,有一定疗效。

二、烂 皮 病

【病　　症】　该病初发时,牛蛙的背部皮肤失去光泽并出现白斑,之后,表皮脱落并开始溃烂,露出背肌,烂斑四周呈灰白色,病重时,可扩展到四肢。病初蛙眼瞳孔出现粒状突起,逐渐发白,直至形成一层白色脂膜覆盖在眼球表面。病蛙初时尚能行动,重症时则拒食不动,直至死亡。牛蛙病后至死亡时间根据蛙体大小而长短不一,一般 4～15 天,长者可达 1 个月以上。

【病　　因】　①营养不平衡。投喂的饲料单一,饲料中缺乏微量元素,尤其维生素 A 和维生素 D 的缺乏是诱发该病的重要原因。②体表受损,导致细菌及真菌的继发感染。③原发性细菌感染。醋酸钙不动杆菌是主要病原之一。

【流行特点】　该病多发于 150 克以下的小蛙,刚完成变态后的幼蛙发病率更高。发病时间一般为 4～9 月,春、秋两季是发病的高峰期。有发病快、病期长的特点。发病率在 20%～50%之间,单纯以蚕蛹为饲料的发病率较高。病死率通常在 30%～70%,高时可达 90%以上。

【防　　治】　①在蝌蚪变态前期进行强化培养,饲料中适当添加维生素 A 和维生素 D 以及其他微量元素如钙、磷、碘等,不仅能提高蝌蚪的变态成活率,而且可使变态后的幼蛙具有较强的抗病能力。②定期换水,改善养殖环境,并对养殖场作定期药物消毒。

消毒用药一般为高锰酸钾、蛙消安、生石灰等。③在幼蛙饲料中添加维生素 A 和维生素 D,保证饲料的新鲜和多样化。④药物治疗。用蛙消安 4～5 毫克/千克对病蛙池泼洒消毒,每天用药 2 次,4 天后病情可得到控制;用 3 毫克/千克高锰酸钾与冰醋酸合剂全池泼洒,可使病蛙停止死亡,病轻者恢复健康。

三、暴发性出血败血症

【病　症】　发病蝌蚪腹部有明显的红色出血点,咽部及肛门四周的出血现象更为明显,重症时,体表出现几近透明的溃疡斑,眼球突出、充血,时有烂尾现象,鳃因失血而呈灰白色,腹部膨胀,腹水严重,肝、肠明显充血,死亡前有在水面打转的现象。

【病　因】　放养密度过高、水质恶化是引发该病的重要原因之一。其病原目前尚不清楚。

【流行特点】　该病的发生表现为暴发性,且传染性极强。发病时间为 5 月中旬至 9 月下旬,水温一般在 20℃以上。蝌蚪从发病到死亡只有 2～3 天,严重者可在 1 周内使整个蛙场的蝌蚪全部死尽。主要危害对象是蝌蚪,以变态期内的蝌蚪发病死亡尤为严重,幼蛙也时有发生。此病 1995 年呈暴发性流行,对浙江海盐县官塘的养殖池的调查显示,约有 80% 的春季蝌蚪暴发了该病,死亡率达 60%～100%,危害极为严重。

【防　治】　该病因具暴发性、病期短的特点,目前尚无显著疗效的治疗药物,减少该病的损失应以预防为主:①蝌蚪池在放养前应清池。清池的药物可用生石灰(50～100 毫克/千克)、蛙消安(10 毫克/千克)、强氯精(3～5 毫克/千克)等。②加强管理,做好场地的清洁消毒工作。各养殖池的进排水应独立分开,工具在使用后要消毒。蝌蚪入池前用 20 毫克/千克高锰酸钾溶液消毒,杜绝外来病原的传染。③定期换水,保持水质良好;密度合理,减少发病机会。④在蝌蚪饲料中定期添加一些药物如蛙用碘、SMZ 及先锋霉素等,池水用 2～3 毫克/千克高锰酸钾与乙酸的混合液消毒,有一定的防治效果。

四、肝炎(O 氏病)

【病　症】　外表无明显症状,仅表现为体色失去光泽,呈灰黑色。一旦发病,牛蛙很快停食,伏于草丛等阴湿处,四肢无力,肌体瘫软如一团稀泥,口腔时或有含血丝的黏液吐出,并常伴有舌头从口腔中吐出的现象。解剖病蛙可见肝脏严重色变,或失血呈灰白色,或严重充血而呈紫黑色。胆汁浓而呈墨绿色。肠、胃内无食物,仅有少量黏液,并有肠段套进胃中的现象。

【病　因】　由细菌感染所致。蛙池长期不清池,水质恶化是引发该病的重要因素。

【流行特点】　该病临床表现为急性,传染性极强。发病时间为每年的 5～9 月,以春、秋两季发病较多,主要危害对象是 150 克以上的成蛙。牛蛙从发病到死亡的时间一般为 2～3 天,死亡率极高。1992 年在浙江台州椒江郊区的成蛙养殖池中,约有 60% 发生了该病;1995 年,安徽广德邱村地区的蛙池,有 70% 以上的面积发病。两地的牛蛙病死率均在 60%～90% 之间,危害极大。

【防　治】　预防是减少该病损失的主要手段,可参考采用以下措施:①牛蛙在放养前应对蛙池作彻底的清塘消毒,尤其是已养过几年牛蛙的老池则更应做到这一点。②在养殖过程中应加强管理,定期换水,使牛蛙有一个良好的生活环境。蛙场及食场应经常用药物消毒,药物可选用鱼虾宁、蛙消安、生石灰等。③杜绝投喂变质饲料,饲料应新鲜和多样化。所有因病死亡的鱼、虾、河蚌以及其他动物均不能作为牛蛙的饲料。④在选购蛙种时,应极力避免将病蛙带入自己的养殖场中。牛蛙入池前应进行体外消毒,消毒方法一般为 20 毫克/千克高锰酸钾溶液浸泡 20 分钟。⑤养殖场中应备有消毒池或缸,工具使用前后要及时消毒,并避免工具的交叉使用和借用。⑥如出现病情,应及时捞出病蛙和死蛙进行消毒处理,发病池用蛙消安或蛙安粉做全池泼洒消毒。⑦病蛙池用蛙肝宁拌饲投喂,结合消毒剂水体消毒,可有效控制该病。

五、脑 膜 炎

【病 症】 病蛙肤色发黑,厌食,典型症状为脖子歪斜朝向一边,身体失去平衡,在水中时表现为腹部朝上并打转。解剖病蛙可见肝、肾、肠等均有充血现象。

【病 因】 受细菌感染所致。主要病原菌为脑膜败血黄杆菌。

【危 害】 该病最早在上海发现,1994、1995 年间在浙江嘉兴、湖州等相继发生。危害的主要对象是 100 克以上的大蛙,传染性很强。发病时间一般在 7～10 月份,水温 20℃以上。牛蛙从发病到死亡的时间因水温高低而有不同,一般 4～7 天,温度低时则可延长到 15 天以上。1994 年,湖州千金乡有 40％以上的蛙感染了该病,死亡率在 40％～90％之间。

【防 治】 ①对蛙池作定期药物消毒,定期换水。消毒用药可使用高锰酸钾与乙酸混合剂等。②在饲料中拌入蛙病宁Ⅱ号,对该病具有显著的治疗效果。③SMZ、蛙病宁等药物对该病也有一定的疗效。

六、腹 水 病

【病 症】 蝌蚪腹部臌胀,严重腹水是此病的主要病症。蝌蚪病后活动明显减弱,食量减少。解剖可见肠内充气明显,后肠近肛门处时有结节状阻塞物,肝、胆等无明显变化。

【病 因】 目前尚不明晰。

【流行特点】 主要危害蝌蚪。经调查,越冬后的上年秋季蝌蚪发病率明显高于当年春季蝌蚪。该病多发于春夏季(4～8 月),水温 20℃以上时,有很强的传染性,蝌蚪从发病到死亡的时间通常为 3～5 天,个别池在 1 周内蝌蚪全部病死。1996 年春,海盐、湖州等地的蝌蚪几乎同时发生该病,发病率为 70%,病死率一般在 30%～70%之间,高者达 100%。

【防　治】　对该病应以预防为主。合理控制蝌蚪的放养密度,及时换水,使水质保持清新。不从发病地区引进蝌蚪,蝌蚪在放入池前用高锰酸钾消毒。饲料应当浸泡后投喂,保证饲料多样、适口和新鲜。发病后,对池水用 PVP-碘 1～2 毫克/千克消毒,同时在饲料中拌入先锋霉素或 PVP-碘投喂。

七、歪脖子病

歪脖子病是目前发现的一种新的牛蛙病,对牛蛙的致死率可达 90%以上。病原为出血性败血黄杆菌。

【症　状】　发病初期病蛙体表发黑,无光泽,牛蛙脖子歪向一边,懒动厌食,常伏于阴暗潮湿处。病重时牛蛙脖子严重歪斜,在水中时腹部向上浮于水面,游动时原地打转直到死亡。牛蛙发病到死亡的时间一般为 3～5 天,解剖可见肝、肾、肠等器官有明显充血现象。主要危害对象是 100 克以上的成蛙。

【防　治】　在牛蛙发病前或发病初期,对养殖池用蛙消安进行定期消毒。红霉素等有较好的疗效,病蛙经投喂 2 周后病愈,成活率可达 87.7%。

八、胃肠炎

此病多发生于春夏和夏秋之交,传染性强,死亡率较高,若不积极治疗则危害极大。

【症　状】　发病初期牛蛙栖息不定,东爬西窜,游泳缓慢,喜欢潜入池底或平躺于池边,不食不动,反应迟钝,易捕捉,往往缩头弓背闭眼。

【防　治】　每日给病蛙拌食投喂酵母片 2 次,每次每 5 千克饲料中加 1 片,连喂 3 天。投喂之前要清除饲料台上的残饵,并刷洗饲料台,不投喂变质饲料。每 2 周用 2 毫克/千克漂白粉溶液全池消毒 1 次。

九、肿腿病

【病　因】　本病是受细菌感染所致。

【症　状】　病蛙后肢腿部肿大,整个足部包括趾和蹼都肿成瘤状,呈灰色,不能摄食,身体消瘦,最后死亡。

【防　治】　给病蛙口服四环素,每日 2 次,每次每只喂半片,连服 2 天;每日每只病蛙用 40 万单位青霉素注射,连注 3 天;每 2 周用 2 毫克/千克漂白粉溶液全池消毒 1 次。

十、车轮虫病(烂尾病)

【病　因】　本病是由于车轮虫寄生引发的。

【症　状】　患病蝌蚪常浮于水面,尾鳍基部发白并深入组织,严重时尾部被腐蚀,游动缓慢,滞留水面,最终死亡。

【防　治】　①用 2%食盐水浸泡患病蝌蚪 10 分钟左右,连续 3 次;②每立方米水体用硫酸铜 0.7 克全池泼洒;③全池泼洒硫酸铜和硫酸亚铁合剂(5∶2),用量为 0.7~1 毫克/千克。

十一、舌杯虫病

【病　因】　本病是由于舌杯虫寄生引发。

【症　状】　蝌蚪尾部和体表长满形似水霉的毛样物。

【防　治】　每立方米池水中泼洒 0.7~1.0 克硫酸铜。

十二、水　霉　病

【病　因】　本病是由水霉菌感染引发。

【症　状】　病蛙体表有大量霉菌丝体繁殖,形似棉絮状的白色或灰白色物,病蛙焦躁不安,食欲不振,游动迟缓,严重时会平躺在池边或浅滩,不怕惊扰。

【防　治】　用 5 毫克/千克高锰酸钾溶液浸泡病蛙 30 分钟,连续 5 次。

十三、气 泡 病

【病　因】　本病是由池水气体过多引起。

【症　状】　蝌蚪腹部膨胀,长时间漂浮于水面。

【防　治】　①换注新水防止病势扩大;②将病蛙捞出放于清水中,并用 20%硫酸镁溶液泼洒;③预防主要是不投未经浸湿的干粉喂蝌蚪,不使用未经充分发酵的肥料。

十四、牛蛙常见敌害

(一)卵期敌害　蛙卵的主要敌害是鱼类、杂蛙类和水生无脊椎动物。其中剑水蚤个体小,难发现,危害大。它在水中主要咬食蛙卵及刚孵化出的小蝌蚪,但蝌蚪生长 1 周后又反过来采食剑水蚤,其又是蝌蚪的优质饵料。因此,要严格控制产卵池和孵化池中的剑水蚤,可在入水口设置拦网纱窗。

(二)牛蛙在蝌蚪期的主要敌害　牛蛙进入蝌蚪期的敌害也较多,主要有各种鱼、龟、鸟类、蚂蟥和水生昆虫。其中以水生昆虫发生量大,常常随灌水或投放水草、天然饵料等进入养殖池,对蝌蚪的危害极大。最常见的有龙虱、水龟虫、负子蝽、划蝽、蜻蜓幼虫等。龙虱俗称水蜈蚣,成、幼虫均捕食蝌蚪,食量大,1 头幼虫一昼夜可伤害 20~30 尾蝌蚪;水龟虫俗称牙虫,其与划蝽均属于半翅目昆虫,多以若虫、成虫的刺吸式口器刺入蝌蚪体内,吸吮蝌蚪体液;蜻蜓的幼虫又称水虿,常从腹部咬死蝌蚪。

(三)蛙期的常见敌害　在野外放养时,天然敌害较多,幼蛙和成蛙的主要敌害是多种脊椎动物。常见的有乌鳢等肉食性鱼类、蛇类、龟鳖类、鼠类、水獭、黄鼠狼以及野鸭等飞禽。一些大型的蛙类也可捕食牛蛙的幼蛙。在庭院建池养殖时,则以蛇类、鼠类对蛙的危害最大。

第九节　牛蛙的捕捞、运输与加工

一、蝌蚪的捕捞与运输

（一）捕捞　牛蛙蝌蚪有群居性,活动缓慢,比鱼苗易于捕捞。捕拦工具可选择鱼苗网或窗纱,鱼苗网的大小可根据蝌蚪池的宽度及水深而定。小网目的捞网操作起来也得心应手,适于较大面积的池塘,一次捕捞可把池塘中大部分蝌蚪捕起,但所需人员多;用窗纱捕捞,窗纱有 3~4 米即可,两端各 1 人,中间 1~2 人,起捕效果也很好。过数和分装时,应用盆或碗舀。注意操作要细致、尽量不使蝌蚪受伤。

（二）运输　蝌蚪的运输比较方便和容易。运输工具与鱼苗、鱼种的运输工具一样,近距离运输可用一般的铁桶、塑料桶、大塑料盆等;远距离运输可用帆布篓、塑料袋等(需充氧)。

运输密度与运输时的水温、距离、蝌蚪的大小、天气情况有关。水温高、距离远、蝌蚪大时,装运密度要小,反之,装运密度可大些。越冬的蝌蚪远距离运输,可采用充氧小型塑料袋,每袋装 100~200 尾;也可采用帆布篓(0.9 米×0.9 米×1 米),内衬大塑料袋充氧运输,每篓可装 1 500~2 000 尾。

运输数量多且距离又远时,最好用汽车装帆布篓或塑料袋充氧运输,也可空运。如需要在途中换水,换水温差不要超过 3℃。汽车可随带氧气瓶和充氧管,发现缺氧时,应立即充氧。运输前 2 天停止喂食,并每天拉网锻炼 1 次。

二、幼蛙及成蛙的捕捞与运输

（一）幼蛙、成蛙的捕捉　室外饲养池的牛蛙,可采用拉网的方法捕捉。首先清除池内障碍物,再拉网。拉网时注意压紧底纲,收网时动作要快,将底绳与面纲迅速捏合在一起,牛蛙犹如装在袋子内一样被捕捉。对于沟内的牛蛙,可在沟边张网,待其上岸后,迅速赶动,使之跳入网内,然后迅速收网捕捉。少量捕捉时,可在沟、池边下水徒手摸捉,牛蛙不大挣扎,容易捕捉。晚上牛蛙喜上岸,特别是雨天,几乎全部上岸活动,可用手电筒照射捕捉。室内集约化饲养的牛蛙,可用小抄网捕捞,少量的也可以徒手捕捉。

（二）幼蛙运输　操作比较简单。短距离运输,可直接用盆、桶,里面放些水草,加少量水,桶口盖细网布即可。远距离运输,可用木箱、塑料箱、厚纸箱等。木箱、纸箱要钻些通气孔,所有容器都要加适量水草,以保持蛙皮肤湿润。运输途中,每隔 5~6 小时,要向箱内淋水 1 次。

三、牛蛙的加工

（一）牛蛙的冷冻加工　国际市场上牛蛙肉贸易多以冷冻牛蛙肉为主,而且大都是选用牛蛙后腿肉加工。冷冻加工的方法是:将屠宰洗净的牛蛙后腿按重量多少分级装入塑料袋或盒中,放入 −25℃ 以下的冷冻间内速冻。将冻结的牛蛙肉放入凉水内涮一下,使塑料袋再包上一层冰衣,让牛蛙肉与空气隔绝。然后再送入 −18℃ 左右的低温库内贮存出口或供应市场。贮存时间以不超过 6~7 个月为宜。国际市场上,每吨冻牛蛙肉价值 1.5 万~2 万元;每 2.5 吨鲜牛蛙肉可加工成 1 吨冷冻牛蛙肉。

（二）牛蛙粉的加工使用　牛蛙的内脏、变质不能食用的牛蛙肉,以及牛蛙加工后废弃的大量蛙头、蛙骨、蛙皮等,可用来生产牛蛙粉。加工方法是:将牛蛙内脏及废弃物,用开水煮熟,沥去水分,剁碎并放在太阳下晒干,或者用烘干炉烘干。将晒干或烘干的牛蛙内脏及废弃物,用粉碎机粉碎成蛙粉,然后进行贮存,或与饲料混合均匀投喂。也可将烘干的牛蛙内脏及废弃物,与饲料同时粉碎,制成加工饲料出售。

(三)氨基酸的生产与应用　牛蛙的内脏及其下脚料含有丰富的蛋白质。蛋白质经过水解,最终产物为各种氨基酸,其中精氨酸、赖氨酸含量较多。这些产物的粗制品为复合氨基酸,是优质的食品添加剂和滋补品。复合氨基酸经过分离、提纯,可得到单种氨基酸的纯品,在医药及化妆品工业上应用非常广泛,价格也非常昂贵。此外,牛蛙的内分泌系统和消化系统,如脑垂体、甲状腺和胃腺、肠腺、胰腺所分泌的消化液等,还可提取激素和酶类,用于医药业。

四、牛蛙菜谱

(一)干锅牛蛙

材料:牛蛙、土豆、莴笋、香菜、干辣椒、葱、姜、大蒜、干淀粉、盐、白胡椒粉、川湘辣酱、花椒、生抽、料酒、糖。

做法:

1. 牛蛙洗净切成块。

2. 土豆、莴笋分别去皮切成条,香菜、葱切段;蒜去除外衣剥出蒜头,姜切片。

3. 牛蛙放入碗里,加少许盐和胡椒粉拌匀,腌制15分钟。

4. 热锅中放入足量油,至六成热下土豆条,以小火炸熟后捞出备用。

5. 腌好的牛蛙拍些干淀粉,将其放入油锅炸至微黄捞出备用。

6. 锅中倒去多余的油,留少许底油,放入葱、姜、干辣椒、花椒和蒜头爆香。

7. 将一大勺川湘牛肉辣酱或者其他辣酱下锅炒香,放入莴笋和土豆略微翻炒,加入适量料酒、生抽、糖调味,将炸好的牛蛙放入,迅速翻炒均匀后,撒入香菜段即可。

(二)泡椒牛蛙

材料:牛蛙 500 克,大葱 150 克,色拉油 200 克,料酒 10 克,泡姜 10 克,精盐 1 克,大葱 150 克,味精 2 克,泡红辣椒 150 克,胡椒粉 1 克,干豆粉 20 克。

做法:

1. 牛蛙宰杀去头、去皮、去内脏洗净,斩成块,用盐、胡椒粉、干豆粉、料酒上浆码味。泡红辣椒去蒂去籽切成节,大葱洗净切成节,泡姜切成姜米。

2. 炒锅下油烧至七成热,将牛蛙下锅滑溜,断生捞起。炒锅内下少许油烧热,下泡姜米、泡椒后炒出香味,下牛蛙,烹入料酒,放味精、大葱节簸转起锅装盘即可。

(三)蛙戏金钱

主料:牛蛙腿、香菇。

配料:净鱼茸、白果、松仁、鸡蛋、青红椒等。

调料:葱姜、盐、味精、绍酒、酱油、水淀粉。

做法:

1. 净鱼茸加葱姜汁、绍酒、盐、味精、鸡蛋清、酱油搅拌入味,香菇泡发好,去柄,酿入肉茸抹平,上屉蒸熟后摆在青蛙空隙处,蒙上一层透明芡汁。

2. 蛙腿肉切丁,加绍酒、盐、味精、生粉浆好,下温油滑熟。白果焯水,松仁炸香。

3. 勺内底油烧热,下青红椒丁、白果略炒,加姜汁、绍酒,下蛙肉、盐、味精翻炒,勾芡后加葱末、松仁,分装在蛙形容器内即可。

(四)麻香蛙

材料:仔牛蛙 750 克,丝瓜 500 克,罗汉笋 250 克,油炸酥黄豆 25 克。盐、味精各 3 克,鸡精 10 克,秦妈火锅底料 125 克,黄油 15 克,葱段、姜片、蒜片、料酒各 25 克,红油 35 克,鲜花椒 250 克,生粉 15 克,鲜汤 250 克,混合油(色拉油、菜籽油各一半)500 克,湿淀粉 5 克。

做法:

1. 牛蛙宰杀去皮,用刀背在牛蛙背部轻拍几下,剁成约 20 克的块,加盐、料酒、葱段、姜片各 10 克腌渍 15 分钟,表面拍生粉。

2. 丝瓜去皮,切长 5 厘米、宽 1 厘米、厚 1 厘米的长条,入沸水中大火汆 0.5 分钟,捞出控水,放入碗中垫底;罗汉笋切成约 10 克的滚刀块,入沸水中大火汆 1 分钟,捞出冲水,再入沸水中大火汆 1 分钟,捞出冲凉。

3. 锅内放入混合油,烧至五成热时放入牛蛙小火滑 1 分钟,捞出控油。

4. 锅内放入黄油,烧至七成热时放入火锅底料、剩余的葱段、姜片、蒜片、鲜花椒 100 克,小火煸炒 2～3 分钟,入鲜汤、牛蛙、罗汉笋小火烧开,用味精、鸡精调味,用湿淀粉勾芡,出锅倒入用丝瓜垫底的碗中,淋红油,撒黄豆。

5. 锅内放入混合油 100 克,烧至四成热时放入剩余的鲜花椒小火浸炸 1 分钟,出锅浇在牛蛙上。

(五)麻辣诱惑蛙

材料:牛蛙,丝瓜,香菇,方竹笋,色拉油,辣椒,鲜花椒,豆瓣酱。

做法:

1. 将牛蛙宰杀分割,丝瓜和方竹笋切成条状,香菇切片待用。

2. 在锅中放入色拉油、辣椒及盐、味精等各种调料炒香,而后依次放入切好的牛蛙、香菇、方竹笋等原料进一步翻炒,出锅前加入鲜花椒即可。

(六)水煮牛蛙

材料:牛蛙 350 克,生菜(团叶)150 克,大葱 10 克,白皮大蒜 10 克,姜 5 克,辣椒(红、尖、干)5 克,料酒 15 克,盐 4 克,酱油 15 克,鸡精 2 克。

做法：

1. 先将牛蛙洗剥干净，剁好，再用香辣粉拌匀，腌放 15 分钟。

2. 把牛蛙放热油锅内煸炒至玉白色盛出。

3. 锅内放油，然后放葱、姜、蒜头、尖红辣椒、香辣粉炒出香味；加一大碗水，再放入煸好的牛蛙；依次放料酒、盐、酱油，等快熟时，放入生菜叶，加点鸡精即可出锅。

（七）馋嘴蛙

材料：牛蛙 2 只，丝瓜 2 根（去皮，切块），郫县豆瓣酱 2 大匙（切细），油辣椒 1 大匙，花椒 1 大匙，盐少许，胡椒少许，油少许，生粉、葱、姜、蒜、绍酒适量。

做法：

1. 牛蛙清理干净后切块，下盐、生粉腌半个小时左右。

2. 锅里下油，下葱、姜、蒜、花椒，煸炒出味后下豆瓣酱、油辣椒继续煸炒，下丝瓜，炒到半熟后倒出。

3. 锅里再下油，炒牛蛙，半熟后把丝瓜倒回去，继续炒。

4. 下料酒，稍稍翻炒后加水。

5. 烧滚后转小火焖 5 分钟左右，勾薄芡，装盘。

（八）陈皮蛙腿

材料：牛蛙腿 250 克，陈皮 25 克，葱段 10 克，姜片 3 片，干辣椒节 10 克，味精 1 克，麻油 3 克，花椒粉 2 克，黄酒 5 克，盐 3 克，酱油 5 克。

做法：

1. 将相连的蛙腿竖着一切为二后，放入碗里加黄酒、葱、姜腌渍一下。

2. 陈皮用水泡软，制成陈皮汁水。

3. 锅中加油，烧到六成热，放下蛙腿炸至金黄色捞出。

4. 锅中放少许油，放入干辣椒节炒至棕红色，放入陈皮煸香。

5. 下炸好的蛙腿，加入盐、糖、酱油和陈皮汁水，用小火略焖

10 分钟使之入味,转大火收汁。

6. 淋麻油,撒上花椒粉即可出锅。

(九)蜜柚烧牛蛙

材料:牛蛙 250 克,蜜柚 500 克,鸡蛋 150 克,大葱 4 克,姜 3 克,盐 3 克,味精 3 克,豌豆淀粉 5 克,料酒 3 克,蚝油 20 克,花生油 25 克。

做法:

1. 将牛蛙宰杀后洗净、去皮、内脏、剁成小块;蜜柚去皮,分成瓣备用。

2. 将牛蛙块用鸡蛋清、料酒、淀粉上浆备用。

3. 锅内放油烧热,将牛蛙下锅过油后捞出;锅内留少许油,下入葱、姜爆锅,放入高汤、蚝油、牛蛙、蜜柚烧熟,加入盐、味精,用淀粉勾芡,装盘即可。

(十)牛蛙火锅(麻辣味)

材料:牛蛙 1 500 克,青笋 200 克,茭白 200 克,白萝卜 200 克,精制油 100 克,味精 10 克,姜 5 克,蒜 5 克,葱 5 克,干辣椒 5 克,花椒 3 克,冰糖 3 克,郫县豆瓣酱 100 克,鸡精 20 克,料酒 20 克,胡椒粉 5 克,红汤 2 500 克。

做法:

1. 牛蛙宰杀去头和内脏,切成 4 厘米见方的块,入汤锅汆水捞起。

2. 青笋、白萝卜去皮,改成小块洗净装入火锅盆待用。姜切成指甲片,葱切成"马耳朵"形。

3. 锅内放油烧热,放豆瓣酱、姜片、葱、花椒、干辣椒,炒香呈红色,放牛蛙肉、整蒜子、冰糖,炒酥,掺红汤,下味精、鸡精、胡椒粉、料酒烧沸,除尽浮沫,下入青笋、茭白、白萝卜的火锅盆,上台即可。

(十一)大蒜牛蛙

材料:大蒜 10 瓣,牛蛙 300 克,姜 4 片,青蒜少许,地骨皮 6

克,麻黄 3 克,桑白皮 6 克,甘草 3 克,桂枝 1.5 克。料酒 1/2 大匙、盐 1/2 茶匙。

做法:

1. 牛蛙洗净、剁块,大蒜放入油锅炸香。

2. 牛蛙放入锅中,加入全部药材、姜片、料酒、大蒜、盐及水 400 克。

3. 炖煮 15 分钟,撒上青蒜即可食用。

(十二)砂锅烧牛蛙

材料:牛蛙 300 克,豆腐(北)50 克,芹菜 20 克,香菜 20 克,花生油 20 克,花椒粉 2 克,盐 3 克,味精 2 克。

做法:

1. 将牛蛙洗净剁成块,豆腐切片,香菜、芹菜洗净切段,备用。

2. 砂锅注油烧热,放入牛蛙煸炒,倒入骨头汤烧开,小火煮 5 分钟。

3. 加入泡椒、豆腐片、味精、精盐略煮,撒入芹菜段、香菜段即可。

(十三)鸽戏牛蛙

材料:鸽脯肉 500 克,牛蛙 300 克,玉米笋、面包渣各 200 克,鸡蛋 50 克,精盐、黄酒、湿淀粉、葱、姜各 20 克,冰糖 30 克,白糖、酱油、芝麻油各 10 克,味精、胡椒粉各 5 克,干淀粉 100 克,肉清汤 500 克,熟猪油 500 克(耗 150 克)。

做法:

1. 将鸽脯一面剞十字花刀,再切成 6 厘米长、1 厘米宽的“一”字条。玉米笋入水焯过,取出入盘。牛蛙腿去骨,稍切(不切断),入盘加盐 10 克,酱油 5 克,黄酒 10 克,白糖 10 克,葱 10 克,姜 10 克腌渍。

2. 炒锅上中火,放猪油 50 克,下鸽脯煸炒,下盐 10 克收干水分。另一炒锅,放猪油 20 克,下冰糖炒至起泡时,倒入酱油 5 克制成糖色,倒入鸽脯、肉汤及葱、姜、黄酒各 10 克,加盖炖 1 小时。

3. 将牛蛙拍上干淀粉,拖上蛋汁,滚上面包渣,入油锅炸成金黄色,取出围摆在玉米笋盘边。把炖着的鸽脯拣去葱、姜,加入味精、胡椒粉,用湿淀粉勾芡,淋上芝麻油,倒在玉米笋上即成。

(十四)盛夏牛蛙

材料:牛蛙腿,虾,年糕,莴笋,木耳,青椒,姜丝,蒜籽,花椒,八角,香菜根,红辣椒。

做法:

1. 牛蛙腿切小块,虾去肠,加盐、香油、白胡椒腌渍10分钟。

2. 拍淀粉炸焦黄。

3. 年糕也炸一下,莴笋、木耳焯一下。

4. 锅里放油,先下姜丝、蒜籽、八角、香菜根,炒出香味,姜丝变干、蒜籽变黄时下红辣椒、花椒,出花椒味。

5. 放入孜然粉1.5茶匙、咖喱粉1茶匙、辣酱1汤匙、1.5碗水,搅拌均匀,下牛蛙、虾、年糕,煮开焖一会。

6. 汤汁少的时候放入各种蔬菜,拌匀,出锅撒点鸡精提味即可。

第四章　虎纹蛙的养殖

第一节　虎纹蛙的经济价值

虎纹蛙俗称泥蛙、田鸡、田蛙、水鸡等,个体较大,肉质鲜美,是人们喜食的佳肴,也是我国出口的传统土特产,其需求量较大,经济价值高,现已列入国家二级保护动物。

虎纹蛙和其他蛙类一样,都以农业害虫为主食。

虎纹蛙在我国南方俗名"石梆",由于其个体大,肉质鲜美,也是我国传统的出口土特产品,在市场上需求量甚大,因此被大量捕捉。但其长期以来一直处于自生自灭、无人管理的野生状态中,近年来,由于生态环境的变化及人们的过度猎捕,野生数量已经日趋减少,面临枯竭的危险。

由于市场的需要,只靠单一的保护措施是难以解决问题的。积极地探索虎纹蛙人工养殖技术,满足市场需要,配合保护措施,才是积极的、两全其美的办法。目前,虎纹蛙的人工养殖研究工作已有进展。结果表明,虎纹蛙变态快,生长迅速,而且不需驯化便可以摄取静止的食物,人工繁殖很简便,是一种适于养殖的经济动物。

第二节　虎纹蛙的生物学特性

一、分类及分布

虎纹蛙属两栖纲、无尾目、蛙科。

虎纹蛙在我国分布范围较广,江苏、浙江、湖南、湖北、安徽、广东、广西、贵州、福建、台湾、云南、江西、海南、上海、河南、重庆、四川和陕西南部等地均有分布,在国外还见于南亚和东南亚一带。

二、形态特征

虎纹蛙体形硕大,鸣声似犬,有"亚洲之蛙"之称。雌性比雄性大,体长可超过 12 厘米,体重 250~500 克。皮肤极为粗糙,头部及体侧有深色不规则的斑纹。背部呈黄绿色,略带棕色,有十几行纵向排列的肤棱,肤棱间散布小疣粒。腹面白色,有不规则的斑纹,咽部和胸部有灰棕色斑。前后肢有横斑。由于这些斑纹看上去略似虎皮,因此得名。趾端尖圆,趾间具全蹼。前肢粗壮,指垫发达,呈灰色。雄蛙具外声囊 1 对。

虎纹蛙的头部一般呈三角形,头与躯干部没有明显的界线。头端部较尖,游泳时可以减少阻力,便于破水前进。口十分宽大,除捕食外,一般很少张开。眼睛位于头的背侧或头两侧,上方和下方都有眼睑,与眼睑相连的还有向内折叠的透明瞬膜,在潜水时,瞬膜上移可以盖住眼球。外鼻孔上有一个鼻瓣,可以随时开闭,以控制气体的进出。雄性头部腹面的咽喉侧部有一对囊状突起,叫做声囊,是一种共鸣器,能扩大喉部发出如犬吠般的洪亮叫声,起到吸引雌性的作用。前肢短,具 4 趾,主要起支撑身体前部的作用,还能协助捕食和在游泳时平衡身体。后肢较长,具 5 趾,趾间具蹼,主要是在水中游泳和在陆地跳跃时起推进作用。

三、生活习性

虎纹蛙属于水栖蛙类,常生活于丘陵地带海拔 900 米以下的水田、沟渠、水库、池塘、沼泽地等处,以及附近的草丛中。白天多藏匿于深浅、大小不一的各种石洞和泥洞中,仅将头部伸出洞口,如有食物活动,则迅速捕食之,若遇敌害则隐入洞中。雄性还占有一定的领域,即使在密度较大的地方彼此间也有 10 米以上的距离,当发现其他同类在领域中活动时,便很快跳过去将入侵者赶走。

虎纹蛙的食物种类很多,主要以鞘翅目昆虫为食,约占食物量的 36%,其他包括半翅目、鳞翅目、双翅目、膜翅目、同翅目的昆虫、蜘蛛、蚯蚓、多足类、虾、蟹、泥鳅,以及动物尸体等,其还常吃泽蛙、黑斑蛙等蛙类和小家鼠,而且它们在虎纹蛙的食物中占有很重要的位置。看来它不仅长了一身虎纹,也的确是蛙类中名不虚传的"猛虎"。

由于眼睛的结构,一般蛙类只能看到运动的物体,故只能捕食活动的食物。但虎纹蛙与一般蛙类不同,不仅能捕食活动的食物,而且可以直接发现和摄取静止的食物,如死鱼、死螺等有泥腥味的水生生物的尸体。它对静止食物的选择不但凭借视觉,而且还凭借嗅觉和味觉。虎纹蛙主要在晚上出来活动和觅食,白天较少。它的舌根生在下颌前端,舌尖分叉,捕食时黏滑的舌头迅速翻转,射出口外将昆虫捕获,卷入口中。它还有另一种与其他蛙类不同的捕食方式,当发现猎物时,便向猎物跳过去,举头后仰并张开下颌,迅速伸出舌头一挥,扫出一个 180°的弧线,在完成摆动前就准确地触到猎物,长而柔软的舌头便会将猎物包住,接着迅速地缩回舌头,把猎物带进口中,再吞到胃里,这个过程只需一瞬间即可完成。此外,还具有在浅水区域捕获水中昆虫、鱼类等的能力,这时它用下颌捕捉猎物,用嘴咬住之后吞食。

虎纹蛙是冷血的变温动物,没有恒定的体温。其最适生长温度为 22~28℃,温度在 4℃以下或 35℃以上时,易引起死亡。温度低于 12℃时即停食开始冬眠,春季温度上升到 16℃时结束冬眠。当年的蝌蚪经 6 个月(5~10 月)饲养就可长至 150 克左右。虎纹蛙的营养和肉质可与野生棘胸蛙相媲美,现野生棘胸蛙数量较少,人工养殖较难,只有虎纹蛙可替代。

在阴雨天温度下降较多时,虎纹蛙会暂时停止摄食活动,生长速度变慢,甚至停止生长。它以冬眠的方式渡过寒冷的冬天,在进入冬眠前,往往有一个大量取食的越冬前期,为越冬贮存养料。

虎纹蛙的繁殖期为5～8月,冬眠苏醒后,立即进行繁殖活动。在水中完成体外受精,受精卵孵化后成为蝌蚪,在水中生活经过变态发育为蛙,然后再转移到陆地生活,所以它的生活史包括卵、蝌蚪和蛙3个阶段。

第三节　蛙场场地选择与建设

场地应选择安静、进排水方便、水质无污染、便于管理之处,面积以2 000米² 为佳。

一、越冬池

建造时保水性一定要好,否则冬季干旱水位较低、池水干涸时,会造成虎纹蛙因缺水或受冻害而大量死亡。最好用水泥池,深度要求在1.5米以上,水位保持在1米左右,池中间建一个占总面积1/4左右的休息平台,或另做浮于水面的简易休息台。池底要放一些供隐蔽的设施,如稻草、瓦砾、毛竹筒等,以供虎纹蛙躲避和冬眠。

二、产卵池及孵化池

产卵池面积最好为2米² 左右,这样可少放几组亲蛙,以免互相干扰,亲蛙产完卵后捕起可作孵化池。池深1.5米左右,水位可根据需求而调节(0.2～1米)。有条件的最好建水泥池,若建土池,四周和底部要用塑料薄膜封好,池内要保持清洁,不能有任何污染,同时要保持安静,否则会影响亲蛙产卵和受精卵孵化。

三、蝌蚪池及变态池

规格以4米×4米或3米×4米为宜。采用阶梯式或斜坡式,高低落差 0.2～0.3 米,这样,池子随着蝌蚪变态而逐渐降低水位,落出部分陆地供已变态的幼蛙栖息。

四、幼蛙及成蛙池

有条件的可建水泥池,如果用土池则池壁要衬上一层塑料薄膜,池的一端略高于另一端,便于排水清洗。养幼蛙时较高的一端可不淹水而作饵料台使用,池深 0.5 米左右,四周要有高 1 米的围墙或围网,围网应向池内稍倾斜以防逃。

第四节　虎纹蛙人工繁殖技术

虎纹蛙性成熟之后,只要温度在 25 ℃ 左右时,雌、雄蛙即会在水中自行抱对、排卵、排精,使精、卵结合形成受精卵,并在水中孵化出蝌蚪。但是,孵化出的蝌蚪分散、不集中,蝌蚪的规格大小不一,同时由于敌害吞食卵和蝌蚪,因此受精卵的孵化率和蝌蚪的成活率低,难以大量收集统一规格的蝌蚪,满足不了人工饲养对蝌蚪的大量需要。因此,必须进行人工繁殖,获取大量的蛙卵,集中孵化培育,得到量大、质优、大小一致的蝌蚪。

一、种蛙的选择

种蛙是人工繁殖的基础,种蛙的好坏直接影响到产卵量和卵的受精率。

（一）体重　在进行人工繁殖时,要选择体重达 400～500 克的雌蛙及 300～350 克的雄蛙。这样的雌雄蛙性腺已经发育成熟,雌蛙产卵量高,卵的受精率也高,但 5 龄以上老龄蛙不宜做种蛙。

（二）体质　种蛙要求体格健壮,皮肤色泽鲜艳,无伤、无病,雄蛙咽喉部有显著的声囊,前肢婚垫明显,鸣叫声高昂;雌蛙要求腹部膨大、柔软,卵巢轮廓可见,富有弹性,用手轻摸腹部时可感到成熟的卵粒。具备上述特点的种蛙,抱对能力强,雄蛙排出精液多;雌蛙产卵量高,而且精、卵易于结合受精及孵出生命力强的蝌蚪。有伤病、皮肤无光泽、四肢无力、第二性征不明显的蛙不宜作种蛙。

(三)遗传特性　应该选择血缘关系远的雌、雄蛙作种蛙,因为血缘过近的雌、雄蛙配对繁殖,不但受精率、孵化率低,而且蝌蚪畸形多,成活率低,更为严重的是蛙的个体往往变小,生长速度和抗病力都较差。

(四)年龄　以2～3龄的蛙为好。不足2龄的雌蛙虽然能抱对,但往往不产卵,或产下的卵质量差,难以孵化。

(五)配比　选择种蛙时应注意雌、雄性别比例。一般认为,群体小时雌、雄比例为1:1,群体大时雌、雄比例宜为1～2:1。

性成熟前的雌、雄蛙难以从外形上区别,性成熟后的雌、雄蛙则可用一些特征区分开来(表4-1)。

表4-1　泰国虎纹蛙雌雄成蛙的区别

项　目	雄　蛙	雌　蛙
体　型	较大	较小
皮肤颜色	金黄色	灰白色
婚　垫	生殖季节,第一指基部有明显的婚垫较粗大	无婚垫
鼓　膜	较大,直径比眼直径大1倍	较小,直径与眼直径差不多
鸣　叫	大而洪亮	小

(六)选种时间　在其他蛙场选择种蛙时,以3～4月为好。此时气温适宜,蛙的新陈代谢水平较低,便于运输。冬眠期间抵抗力弱,运输途中易生病。5～10月,蛙的活动能力强,运输途中易受伤,此时不宜到外场选种运输。

(七)运输　在选择好种蛙后,可用塑料箱、木箱装蛙运输,其高度约10厘米,箱体大小视数量多少以及便于搬运为准。箱底铺上水生植物保湿,将种蛙放入纱布袋中,每袋装 1 只,然后放入箱中。在运输途中每隔 2 小时洒水 1 次,以保持种蛙皮肤湿润,使其能正常呼吸,不至于窒息死亡。

二、种蛙的投放

(一)清塘 在种蛙放养前 10 天,先清除池内杂物、残渣以及池底的淤泥,然后用生石灰或漂白粉消毒,以杀灭池中的敌害、病菌、病毒及寄生虫。清池消毒后要等 7 天,待药性消失之后才能放养种蛙。

(二)种蛙消毒 用 2‰食盐水和蛙康液溶液各浸泡种蛙 10 分钟,以清除附其身上的细菌、病毒和寄生虫。

(三)放养密度和雌雄比例 每平方米放养 1～2 只。雌雄比例以 1～2：1 为宜。在雄蛙太多时,会因争夺雌蛙而引起厮杀;而雌蛙太多时,则会降低产卵量和卵的受精率。

三、繁殖方式

虎纹蛙繁殖可分为自然繁殖和人工催产繁殖 2 种。

自然繁殖是通过搭建保温棚保温和适时抽入井水调温的办法,4 月中下旬虎纹蛙就可达到性成熟,产卵比室外产卵提早 1 个月,4 月中下旬保温棚内水温稳定在 23℃左右时,可将成熟的虎纹蛙按雌雄 1：1 的比例放入产卵池中,放养密度为 0.5 只/米²。亲蛙入池前,用 0.4‰高锰酸钾对水泥池进行消毒,3～5 天后加入经 60 目筛绢过滤的清水,水深 0.2～0.25 米,池中放入 10～16 束用棕片或马尾松枝做的卵巢。下午放入成熟亲蛙,当晚便会自行抱对产卵受精,产卵一般在午夜至凌晨这段时间,卵产在卵巢上。次日上午将亲蛙抓出,雌雄分池放入亲蛙池中进行产后培育。

人工催产繁殖是取成熟度好的亲蛙,皮下注射催产激素,剂量为每 200 克雌蛙注射 35～45 微克的促黄体释放激素(LRH-A)和

400～450 单位的绒毛膜促性腺激素(HCG),雄蛙剂量减半。从尾杆骨一侧由后向前水平进针,进针 1.5～2.0 厘米,退针时轻轻按住注射部位,以免药液外溢。注射后,按雌雄 1:1 比例放入产卵池中。一般 10 小时发情产卵,产卵后雌雄分池放入亲蛙池中。

经过一个冬眠期,到开春即 4 月上旬,温度上升到 16℃ 以上时,亲蛙就要开始觅食,此时要投喂鲜活饵料蚯蚓、蝇蛆等,让亲蛙尽快恢复体能,以利下一阶段繁殖、孵化。

四、抱对与产卵

当水温稳定在 25℃ 时,个别发育早、身体健壮的雄蛙开始鸣叫;当水温升到 28℃ 以上时,绝大多数雄蛙鸣叫,以寻找雌蛙,停止摄食。几天后,雌蛙也开始发情。在抱对时,雄蛙伏在雌蛙背上,用前肢第一指的发达婚垫夹住雌蛙的腹部。经过 1～2 天抱对,开始产卵,同时雄蛙排精。当雌蛙卵和雄蛙精子排完后,雄蛙即从雌蛙背部落下,离雌蛙而去。一般产卵持续时间是 20～30 分钟。受精卵一个个黏在一起,分散平铺成单层。抱对和产卵时应保持环境安静及水温、水位等稳定。

五、蛙卵人工孵化

虎纹蛙产卵以后,要及时进行孵化。一般蛙场孵化量大时,多采用孵化池或孵化箱孵化;而孵化量小的,可采用水缸、木盆等容器作孵化器,其水深度 5～10 厘米。

下面介绍采用孵化池的孵化方法。

(一)孵化前的准备　孵化前要先清洗孵化池及孵化用具,然后用 5% 漂白粉溶液浸泡 0.5～1 小时,再用干净水清洗后,注入清水,水深保持 30 厘米。将洗净、除去烂根烂叶并用 0.03% 高锰酸钾溶液浸泡 10 分钟的水花生、凤眼莲、水浮莲等水生植物均匀地铺在水中,但不要露出水面,用于支撑卵团,防止受精卵下沉,将收集的卵团(块)轻轻移放在水生植物上并浮于水面即可。

（二）蛙卵的采集　　在产卵季节，每天早晨巡查产卵池，发现卵团(块)及时采集。一般应在产卵后的 30～60 分钟，因为这时受精卵外的卵膜已充分吸水膨胀，受精卵已经转位，即动物极朝上，植物极朝下，从水面上可以看到一片灰黑色的卵粒。不能采刚产的卵，因为卵子还没有完全受精，会影响受精率，孵化率低；但也不能长时间不采卵，以致卵膜软化，卵块浮力下降，沉入池底，造成缺氧窒息死亡，同时还易受到天敌的吞食。

采卵时首先要识卵。泰国虎纹蛙的卵呈圆形，卵小，直径 1.0～1.2 毫米。刚产出的卵为乳白色，若不仔细观察，往往不易发现。产卵后约 30 分钟，卵吸水膨胀，同时自动转位，动物极朝上，呈黑色；植物极朝下，呈乳白色。凡是半小时后未转位的卵均是未受精卵。在转位的同时，卵与卵相互黏连成薄片状，浮于水面黏附在水生植物上。

在采卵时，先用剪刀将卵块四周黏附着的水生植物剪断，再剪断卵团下面的水生植物，然后将卵团连同附着物轻轻地移入木盆或瓷盆中，最后慢慢地移入孵化池中。如果卵团过大，可用剪刀剪成几块分别转移。采卵时应注意以下几点：一是不能用网捞取，也不能直接用手抓，不能用粗糙容器盛卵，以免使卵破损；二是将卵团移入孵化池时，动作要轻，而且倒出来时的位置不能高于水面 0.5 米，以免卵团受到震荡，影响胚胎发育；三是不能将卵团相互重叠，以免胚胎因缺氧而停止发育；四是要尽量保持受精卵的动物极朝上，如果方位倒置，即植物极朝上，孵化率会降低；五是应将同一天产下的卵团放在同一孵化池中孵化，方便管理，成活率也高；六是产卵池、孵化工具中的水，以及孵化池中的水其温度要保持一致，不能相差太大，否则会影响孵化。

（二）孵化注意事项

其一，孵化密度要合理。放卵密度和孵化率直接相关，一般每平方米可放卵 4 000～7 000 粒。密度过大,容易造成缺氧,水也易变质,阻碍胚胎发育,降低孵化率。

其二,最好采用微流水孵化。微流水含氧量较高,适合于蛙胚胎的正常发育。每天换水 1～2 次,每次换去 1/3～1/2 的水。既排除了污物,使水质清新,又保持池水足够的溶解氧不能低于 3 毫克/升。

其三,保持优良的水质。除保持水中足够的溶解氧外,应保持适宜水温(25～30℃)。水温低于 25℃时,会减慢胚胎发育速度;而高于 30℃时,胚胎发育速度虽然加快,但产生畸形蝌蚪的机会增加。水的适宜 pH 值为 6.5～7.5,偏酸或偏碱的水不但降低水中溶解氧,而且还会使受精卵膜软化而受损或被压扁,造成胚胎死亡。

其四,防止蛙卵受阳光直射。在孵化期间,如果遇到高温天气、日射强烈时,可在孵化池的上方搭棚遮阴,以防止水温骤变和昼夜温差太大,造成胚胎死亡。另外,遇大风雨天气时,可用塑料薄膜遮盖孵化池,防止大风吹进池内,导致卵团附在池壁上,影响正常孵化。

其五,保持环境安静,防止水中敌害的危害。要切实防止蛇、鼠、蛙、鱼等进入池中吞食蛙卵。

第五节　虎纹蛙的饲养管理

从刚孵出到脱尾长成四肢前的幼小蛙体,称为蝌蚪。按泰国虎纹蛙蝌蚪的发育特点和管理要求,一般将蝌蚪阶段分为 3 个时期:刚孵出至 7 天为前期,7～20 天为中期,20 天后为后期。在饲养管理上应按照蝌蚪的要求条件采取有效措施培育蝌蚪。

一、蝌蚪的饲养管理

(一)蝌蚪池的准备工作　蝌蚪放养前应做好蝌蚪池的消毒和

蝌蚪池水中浮游生物的培育工作。水泥池应在放养前 3～5 天,用清水洗刷干净,并暴晒 1～2 天,或用漂白粉消毒。方法是:先排池水留 0.3 米水深。每 667 米² 水面取含氯量为 30％的漂白粉 10～20 千克,加水稀释后全池泼洒。

土池应在蝌蚪放养前 7～10 天,先抽干池水,再用生石灰或漂白粉消毒。每 667 米² 水面取生石灰 75 千克或漂白粉 10～20 千克,先溶于水后再进行全池泼洒。对难于抽干水的土池可带水消毒,水深 1 米时,每 667 米² 用生石灰 100～150 千克或漂白粉 15～35 千克。

经药物消毒的蝌蚪池一般在消毒后 7～10 天待药物毒性消失后才能注水放养蝌蚪。判断池水药物毒性是否消失,可采用以下方法:用盆取水少许,放入蝌蚪试养,1 天后蝌蚪生长正常,则表明水中药物毒性已经消失,可按计划放养蝌蚪。

在自然条件下,蝌蚪主要吃食水中的浮游植物和浮游动物,如甲藻、硅藻、轮虫等食物。因此,在蝌蚪池消毒后注入新水的同时,可施放发酵后的有机肥(如牛粪、猪粪等)。基肥用量是每平方米 0.5～1.0 千克。施肥 3～5 天后,水中的浮游生物能够迅速繁殖起来,刚入池的蝌蚪就能吃到充足的食物,而且浮游生物的繁殖顺序和蝌蚪的食性转变规律基本相同,所以,在生产中完全可以采用施基肥培养浮游生物的方法来饲养蝌蚪。

(二)蝌蚪的放养　注意放养密度,一般每平方米放养 800 尾左右。如果放养密度过大,蝌蚪的活动场所小,摄食量也小,不但影响蝌蚪的生长发育,也容易发生病害,从而导致蝌蚪死亡。

放养的小蝌蚪最好是日龄相同、规格大小一致,以防止发生大吃小的现象。同时要注意孵化池与蝌蚪池的水温差不能超过 2℃。

(三)蝌蚪的饲养　做到科学投放饲料,保证蝌蚪迅速生长,促进提早变态,减少病害发生,提高成活率。

蝌蚪在不同时期的食性及营养需求有所不同。所以,日龄不同投料也要有所区别。7～20 天时,可喂干粉料(如米糠、豆粉、鱼粉、蚯蚓和蚕蛹粉)以及嫩菜碎叶、玉米糊、熟鱼糊等;20 天以后,随着蝌蚪的长大,则可投新鲜小鱼虾、活蚯蚓、动物内脏碎块及切碎的瓜果、蔬菜等。

由于单一的饲料营养不全,因此,每天应以 2～3 种动植物料混合投喂,其中动物性饲料可由 30% 逐渐增至 60%。最好是投喂人工配合饲料,可为蝌蚪提供生长发育所需要的营养物质,而且还能减少对水体的污染。

饲料一般每日投喂 2 次,早晚各 1 次。投喂量为蝌蚪体重的5%～8%。水温适宜、水质较瘦时可多投;天气炎热、水质较肥时,可减少投喂。当蝌蚪长出前肢后,尾部开始被作为营养吸收而萎缩,此时投放的饲料应该逐步减少至 2%～3%。如果投料过多,会造成消化不良,延长变态时间。

饲料应该投放在饲料台中,不要四处乱撒,既便于蝌蚪摄食,又利于观察蝌蚪的活动。每次投喂后 2 小时,要检查摄食情况,以确定下一次的投喂量。每天应及时清除饲料台的残料,以免污染水体。投喂的干粉料要提前用温开水浸泡,以免蝌蚪吃后消化不良。不要投喂发霉、腐败的饲料,以防蝌蚪中毒死亡。

(四)蝌蚪的管理

1. 调整密度,分级饲养　蝌蚪池中的放养密度与蝌蚪的生长速度直接相关,合理的密度能促进蝌蚪的生长发育,提高蝌蚪的成活率。因此,要定期调整放养密度。同一池中的蝌蚪生长速度可能不一,可利用调节密度的时机,按蝌蚪的大小进行分级,分池饲养。既充分利用了水体,又保证了蝌蚪正常生长发育。

转池后从小蝌蚪到变态幼蛙阶段,需按蝌蚪后肢与前肢长出的情况进行分池和分级饲养。否则容易发生幼蛙吞食蝌蚪、大蝌蚪吞吃小蝌蚪的现象。此外,放养的密度还与水质、水源以及饲养管理水平有关,水质良好以及饲养管理水平高的蝌蚪池,饲养密度可适当增加。

2. 调节水质，控制水温 蝌蚪池水质的好坏同蝌蚪的生长发育和成活率关系密切。要求水体溶解氧在 6 毫克/升以上，pH 值为 6.5～7.8，盐度低于 2‰。水体要有一定的肥度，使水中含有一定数量的浮游生物。

定期换水是调节水质的主要方法，一般每隔 7～10 天换水 1 次，每次加进新水深度 10 厘米。夏天天气炎热，水中残料易发酵变质，污染水体，应多换水。换注新水要选择晴朗的天气，一般以 7:00～8:00 进行为宜，此时换水水温相差小，换水后日照时间长，蝌蚪易适应新水体。

蝌蚪生长发育最适宜的水温是 28～30℃。当水温达 32℃时，蝌蚪活动能力下降，摄食减少，生长速度减慢；35℃时，蝌蚪开始死亡。在夏天必须采取降温措施，可在蝌蚪池边搭凉棚种植藤蔓类果蔬，也可加注水温较低的井水，并提高池中水位。蝌蚪虽然怕热，但不怕冷，耐寒能力较强，越冬成活率高。

3. 定时巡池 每天早、中、晚要各巡池 1 次，观察蝌蚪的活动。生长良好的蝌蚪常在水中上下垂直游动，或在水面游动摄食饲料。如果池中蝌蚪长时间漂浮、不游动、不摄食，表明水质变坏，水中缺氧，蝌蚪染病，要及时采取应对措施。

巡池时应及时清除水中漂浮的杂物、残料和死蚯蚓，以防腐烂发臭污染水体。发现天敌与病害，应及时清除与治疗。

4. 种植水生植物 蝌蚪池中应种植一些水浮莲、凤眼莲等水生植物，既让蝌蚪栖息，又可为刚变态的幼蛙爬出水面栖息和呼吸提供便利。

5. 保持环境安静 蝌蚪池周边环境必须保持安静，以利于变态。尤其是在变态后期的大蝌蚪体质虚弱，内部器官处于变态之中，池周围稍有动静，都会使蝌蚪变态减慢或停止，严重时还会惊恐过度而死亡。

6. **蝌蚪浮头的解救措施**　在天气变化时,蝌蚪池水质恶化和水中溶解氧减少,蝌蚪会出现浮头,严重时会泛池死亡。

当蝌蚪出现浮头时,应立即向池中加注新水,注意水流不能直冲池底,因为池水浅,池底饲料残留沉积较多,将水直冲池底,就会翻起池底残渣,增加耗氧,加重浮头,导致蝌蚪死亡。

7. **为刚变态幼蛙登陆创造条件**　蝌蚪刚变态成幼蛙,尾部未消失前,由于身体瘦弱,弹跳力差,如不及时登陆,肺呼吸不能进行,会造成大批死亡。因此,此时应创造条件使幼蛙及时登陆,常用的方法有:①降低蝌蚪池水位,使浅水的池边暴露出来,供幼蛙登陆;②在蝌蚪池中放一些木板、塑料泡沫板等漂浮物,使刚变态的幼蛙登上漂浮物进行肺呼吸,呼吸空气,便于进一步登上陆地;③蝌蚪池的堤坡不能太大,应该减小坡度,便于幼蛙登上陆地。

二、幼蛙及成蛙的饲养管理

(一)**放养前准备**　放养前要对养殖场进行彻底的清理、检查和消毒。清除虎纹蛙的敌害生物如蛇、鼠等。清理场内的污泥杂物,以免污染水质及藏匿敌害生物。检查进排水系统是否畅通,水质是否符合要求;检查漏洞有否塞好,防逃设施是否牢固,防晒用的遮阳网或防寒用的塑料薄膜是否具备。所有用具要用20毫克/千克高锰酸钾溶液或 80 毫克/千克福尔马林溶液进行浸泡消毒,水体用 1 毫克/千克漂白粉消毒,陆地用 2 毫克/千克漂白粉溶液或 1/2 000 生石灰水遍洒消毒。新建的水泥池要用清水浸泡 7 天后方能使用。池内应适量放些经过消毒的水葫芦等水生植物,供虎纹蛙栖息之用。

(二)**幼蛙—成蛙期养殖**　从蝌蚪脱掉尾巴变态成幼蛙,养至商品蛙出售,这段时期叫幼蛙期养殖;再养至性成熟,叫成蛙期养殖。

1. **放养密度与分级饲养**　放养密度因虎纹蛙的个体大小而异。前期,幼蛙个体小,密度可大些,一般水泥池放养 300 只/米^2

左右,土池 150 只/米² 左右。随着个体不断长大,要逐步分疏分规格饲养。成蛙养殖密度水泥池一般为 100~200 只/米²,土池 50~60 只/米² 为宜。在饲养过程中,如果饲料投喂不及时导致虎纹蛙饥饿,互相残食的现象就会比较严重。每 10 天左右按个体大小不同分级饲养,防止大吃小、强食弱的现象发生。幼蛙入池前可用 5% 食盐水浸洗 5~10 分钟或用 20 毫克/千克高锰酸钾溶液浸洗 10~20 分钟,经消毒杀菌后再放进池中饲养,这样可预防和减少疾病的发生。

2. 饲料投喂　饲养虎纹蛙的饲料来源较广,可投喂鲜活饲料,如红虫、蝇蛆、蚯蚓、小昆虫、小鱼虾等,也可投喂青蛙专用颗粒膨化料。鲜活饵料要无毒、新鲜、干净;颗粒料无霉变,无异味。投料量的多少应根据蛙的大小、气温的高低、饲养密度、生长周期、季节、饲料种类及质量的不同而定。一般情况下,幼蛙期应投蛙体总重量的 6%~7%,成蛙期为 3%~5%。每天投喂的饲料量要掌握得当,使虎纹蛙摄食均匀,勿过多过少或忽多忽少,这是提高饲料利用率,减少疾病,加速虎纹蛙生长的有效措施之一。

投喂次数按投料量的多少而定,一天内投喂次数要合理分配,一般幼蛙每天投喂 3~4 次(6~8 小时投 1 次)、成蛙 2 次(早晚各 1 次)。天气变化时少投或不投。投喂时把饲料分小堆置于池中的饲料台上即可,每次投喂时要将上次的残余饲料清除出池,以免污染水质。饲料中应适当添加一些微量元素、维生素、抗生素等以增强虎纹蛙抗病能力,促进其快速生长。

3. 水温、水质控制　虎纹蛙生长最适水温为 23~30℃。在炎热的夏季必须勤换水(2~3 天 1 次),增加池水的深度,改善通风条件,加盖遮阳网。池塘水色一般保持浅绿色或浅灰色,pH 值为 7~8。换水时应捞出死蛙和腐败动植物。养殖水体最好用高锰酸钾、漂白粉、福尔马林等消毒,保持水质良好。

4. 巡池观察　每天要勤于巡池,注意观察虎纹蛙的摄食与活动情况,有无疾病现象,做到及时发现、及时治疗。虎纹蛙生长至200～300克时便可捕捉上市。

三、成蛙养殖模式

(一)池塘单养 池塘面积以300～500米² 为好,水泥池和土池均可,池深为1.2米,并保持水位在0.3～0.5米,池上方要覆盖遮阳网,覆盖面积为池塘总面积的1/3,土池要设置1.2米高的防逃设施,水面上设置多个饲料台和休息台。幼蛙放养密度为50～60只/米²。饲料投喂全价配合颗粒饲料。幼蛙个体为50～100克时,饲料粒径为4毫米;个体为100克以上时,饲料粒径为5毫米。日投喂2次,投喂量为蛙体总重的3%～5%。池塘养蛙密度大,排泄物多,要经常换水,及时清除死蛙、残饵。幼蛙饲养60～75天,可干塘出售。一年可养殖2批虎纹蛙,第一批投苗时间为5月底或6月初,第二批投苗时间为8月上中旬,每1000米² 产蛙5～8吨,纯利1.5万～2万元。

(二)稻田养殖 稻田养殖虎纹蛙,虎纹蛙能吃掉危害水稻的害虫,蛙粪肥田,可以不施农药、化肥,减少环境污染,降低生产成本,与单一种植水稻相比经济效益提高了5～8倍。稻田养殖虎纹蛙以单季稻田为主,单块面积不要超过1000米²。稻田四周要设置防逃设施,沿田埂四周开控"口"或"田"字形蛙沟。水稻要选择种植耐肥、抗倒伏的优质品种。秧苗返青15天后,每1000米² 放养15克左右的幼蛙0.3万～0.4万尾。投喂全价配合颗粒饲料,日常管理重点抓好防逃和防敌害工作。

(三)鱼林生态养殖 是在池塘单养的基础上沿塘埂内侧四周筑上宽、底宽、高各为0.4米、0.6米和0.6米的梯形小塘埂,植树季节在小塘埂上种植欧美杨等速生林,株距1米,每1000米² 种植60株左右。小塘埂为虎纹蛙的摄食和休息场所,虎纹蛙不仅可以吃掉速生林掉下来危害树木的害虫,蛙粪还可肥树,鱼能净化水质,树起到遮阳的作用。5 年后速生林可成林,可伐混合木材 20 米^2 左右,每 1 000 米^2 增加产值 0.6 万元,年均 1 000 米^2 增收 0.12 万元。

四、越冬期管理

泰国虎纹蛙是变温动物,体温随外界环境温度的变化而改变。当气温降至 15℃以下时,便减少摄食和活动;降至 10℃,便进入冬眠状态。

(一)蝌蚪的越冬管理　蝌蚪是在水中越冬的,其抗寒能力比蛙强,只要底层水不结冰,蝌蚪仍能在水中活动,因而蝌蚪冬眠期间死亡率低。蝌蚪不同生长阶段,由于其生理特性的差异,对冬眠的适应能力也不同。如四肢已经长出,但尾部尚未消失的大蝌蚪,越冬的能力已大大降低,自然越冬的死亡率高达 55%以上,特别是当翌年春季回暖时,大蝌蚪的死亡率可增至 75%以上。因此,控制蝌蚪变态、避免大蝌蚪进入冬眠就显得十分重要。

1. 加深池水　静水池水深 80 厘米以上,流水池水深 60 厘米以上,并始终保持水体深度,不让池水结冰。

2. 管好水质　在越冬期间,只要水温保持 15～20℃,蝌蚪即恢复摄食活动。因此每 15～30 天要换水 1 次,注入新水,提高水中溶解氧,但注入的新水和池水温差不能高于 2℃,否则温度的突变会使蝌蚪因不适应而造成死亡。

3. 增加放养密度　越冬期可增加蝌蚪池内蝌蚪的密度(一般增加 1 倍),有利于蝌蚪在池内越冬。

4. 提高水温　越冬期间,可在蝌蚪池上搭塑料薄膜棚保温,有条件的地方可利用温室、温泉水、工厂锅炉热水等,使蝌蚪池水温保持在 20～30℃,变冬眠为冬养,蝌蚪在冬季则仍可以正常生长发育以至变态。在采用控温越冬时,池水温度不能有太大的波动,否则会引起蝌蚪因不适应而死亡。

5. 适当投料　越冬期间蝌蚪并非完全处于冬眠状态,当水温达到 15～20℃时会正常活动、摄食。此时,可根据蝌蚪的食欲,适当投料,供蝌蚪摄食,以增强抗寒能力和促进生长发育。

(二)幼蛙和成蛙的越冬管理

1. 越冬场所

(1)自然条件下越冬　在蛙池周围选择向阳、避风、离水面 20 厘米处,挖若干直径 10～13 厘米、深 80～100 厘米的洞穴(蛙巢),或用石块、砖块堆砌洞穴,洞内铺上一些松软干草,供蛙入洞越冬。等蛙入洞后,在洞口上铺放干草或稻草,以阻寒风入侵,保持洞穴的潮湿,维持蛙的皮肤呼吸,但要防止水淹而冻死蛙。也可在蛙池背风处先松土或铺上 30 厘米厚土,堆上干草,再铺盖塑料薄膜,以保持温暖、湿润,虎纹蛙可钻入其中冬眠。

(2)蛙池内水下越冬　越冬前在蛙池底铺上厚 30～50 厘米的淤泥层,供蛙潜伏泥中冬眠。越冬时应保持水深 0.6～1.0 米,池面上可用干草、稻草或塑料薄膜搭棚,防止池水结冰,保证虎纹蛙安全越冬。温室越冬应先因地制宜建立温室,然后利用温泉水、工厂余热水、暖气等方法,使水温保持在 25～30℃。室内加温时应注意通风,防止蛙煤气中毒。采用塑料大棚越冬时,在蛙池上搭建双层塑料大棚,棚内温度可以保持在 25～30℃。这样,泰国虎纹蛙在棚内不但不冬眠,而且还可以摄食、生长。晴天应酌情掀开塑料薄膜,使空气流通,增加棚内氧气,不致闷热。

2. 越冬管理

(1)控制水温　是整个越冬管理的重点工作。在自然条件越冬的蛙,如果遇到连续寒冷的天气,就要设法升高水温,防止水面结冰,保证水底越冬的蛙不被冻死。同时,在洞穴和草堆外面可加盖禾草、塑料薄膜,防止冷空气入侵而冻死正在越冬的蛙。

(2)调节水质　在水下冬眠的蛙主要通过皮肤呼吸水中的溶氧维持体温和生命。而采用塑料薄膜大棚越冬,由于饲养密度大,粪便和残料积累、腐败,常会导致水质变坏,对蛙的生长不利。因此,要定期清除残料,更换池水,但每次换水量不宜太大,换水前后池水温差不能超过2℃,否则,蛙会因不适应而死亡。在池中种植适量水生植物,可起到净化水体的作用。

3. 投料　在温室和塑料薄膜大棚内越冬的蛙,由于水温长时间高于20℃,此时的蛙不进入冬眠,正常摄食,所以应做好投料工作。投料量应随温度的升高以及蛙的长大而适当增加。

4. 巡池　经常巡查越冬池,检查水温以及保温设施,观察蛙的动态和健康状况。虎纹蛙在越冬期间极易受到敌害的侵袭,要注意敌害的清除工作。

五、敌害预防

蝌蚪期敌害主要是昆虫,幼蛙期、成蛙期主要敌害是蛇和鼠。

预防:①把好进水关,进水口要用筛绢网过滤,严防敌害生物的虫卵或幼虫随水入池。②养殖池四壁要光滑,防止敌害生物栖息繁殖。也可在养殖池外兼养一些鹅、猫之类的家禽、畜,来驱逐和消灭蛇、鼠等敌害。

第六节　虎纹蛙的捕捞、运输与加工

一、蝌蚪的捕捞与运输

(一)捕捞　蝌蚪有群居性,且活动缓慢,易于捕捞。捕捞方法视蝌蚪池的大小而有所不同。大面积的蝌蚪池,用鱼苗网在池中拉一次网,即可将大部分蝌蚪捞起;中等大小的蝌蚪池,可用长3～4米的塑料绢纱网;小的蝌蚪池,可用塑料窗纱、竹竿及铁圈做成的小捞网捕捞。捕捞时动作应轻慢,以免损伤蝌蚪。

(二)运输　运输蝌蚪首先要选好时机。一般是10～15天的蝌蚪易于运输,小于 10 天的蝌蚪体小,生命力弱;而大于 20 天的大蝌蚪因长出前肢,处于鳃呼吸与肺呼吸的交换期,在运输过程中易缺氧而死亡。

此外,还应该正确选择运输方法。具体方法则视运输蝌蚪的数量多少、运输距离的远近而定。短距离运输少量蝌蚪,可用桶、袋;若大批量汽车运输时,可用鱼篓、帆布篓立在车厢中,装运密度为每升水 50～100 尾。如果温度高、蝌蚪大,则密度要减小。

在长途运输时,最好选用塑料袋充气运输。方法是:先在袋中装入 1/3 的水,接着放入蝌蚪,充入氧气至袋稍膨胀时为止,然后扎紧袋口,装入纸箱中。装入蝌蚪密度为:每升水装 3～5 厘米长的蝌蚪 40～60 尾,6～8 厘米长的蝌蚪 25～30 尾,8 厘米长以上的蝌蚪 15～20 尾。

蝌蚪需带水运输。要求用水质清新和无毒的池塘、江河、水库水,也可用去除了余氯的自来水,水中溶解氧不得低于 1 毫克/升。适宜的水温为 15～25℃,如果温度过高则要加冰块或换井水降温,否则水质易变坏,对蝌蚪不利,而且还会直接损害蝌蚪的健康。此外,运输前应先将蝌蚪在清水中停喂吊养 1～2 天,让其适应密集环境,排除体内的粪便,减少对水体的污染,利于运输。

二、幼蛙及成蛙的捕捞与运输

(一)捕捞　无论是幼蛙、商品蛙或种蛙,其捕捞方法基本相同。

对于在水较深、面积较大的蛙池内密集饲养的泰国虎纹蛙,可采用大网捕捞。先清除蛙池内的杂物和饲料盘、棚架等,然后迅速拉网捕捞。如需要将池内的蛙一次全部捕捞,则需排干池水,然后用手捕捉。

如果捕捞量不大,则可用灯光和小网捕捉。操作方法是:晚上到蛙栖息的地方,用手电筒照明,亮光直接照射蛙眼,则蛙静止不动,即可乘机用网捕捞或用手捕捉。也可在夜间将一盏灯放在栖息地,蛙见灯光而来,即可捕捉。白天可用小捞网捕捉少量的蛙。

无论采用何种方法捕捞,都要认真操作,不能损伤蛙的皮肤,否则蛙易产生感染生病而死亡。

(二)运输　幼蛙、商品蛙和种蛙的运输方法与技术基本相同。幼蛙和成蛙用肺呼吸,不能像蝌蚪那样在水中运输,因此应使用能保湿、通风透气、防逃的用具,如木箱、铁桶、木桶、竹筐、塑料箱等。装运时先将器具清洗干净,侧面要开通气孔,底部垫放凤眼莲、水浮莲、湿布、湿稻草等。这样,运输箱内要既通风,又保湿,保证蛙的呼吸,还可以减少运输途中的震动,确保安全运输。

蛙在装运前停喂静养2～3天,减少在运输途中排出粪便,污染运输箱。装运时将蛙体洗干净后放入运输箱中,除去附在蛙体表面的杂物和病原体,防止运输时生病死亡。装运密度以不拥挤为原则,一般每平方米可装10克左右的幼蛙1 200只,20～30克的幼蛙700只,250～300克的商品蛙150只,350～400克的种蛙80只。

装运时幼蛙可直接放入箱中,而成蛙尤其是种蛙其个体大、跳跃力强,为了在运输途中不撞伤蛙体,可先将运输箱内分隔成几个小室,然后将每只种蛙小心放入浸湿的小纱布袋中,再分别放入各个小室中。这样,可以避免种蛙互相拥挤、堆压致死,也可以防止种蛙跳跃受伤。

无论装运幼蛙还是种蛙,也不论采用哪种包装箱,在放入蛙后,表面都要盖上湿纱布保湿,最后箱要加盖,防止蛙在运输途中逃走。

运输宜选择阴凉天气。夏季高温时宜在晚上运输,或者在运输箱内放入冰块降温。在运输途中要经常淋水,以保持蛙体潮湿和调节体温。同时还要经常检查运输箱有无破损,通气是否良好,箱内的蛙有无死亡,如有死蛙,要及时捡出。此外,在运输途中还要防止强烈的震动及阳光直射。做好以上工作,就能保证蛙的运输安全,并提高蛙的运输活率。

三、虎纹蛙的加工

虎纹蛙的加工同牛蛙(参见第三章第九节)。

参考文献

[1] 李利人,王廉章．中国林蛙养殖高产技术[M]．北京：中国农业出版社,1997.

[2] 卫功庆,白秀娟．林蛙养殖技术[M]．北京：金盾出版社,2000.

[3] 岳永生．科学养蛙技术问答[M]．北京：金盾出版社,2001.

[4] 邵晨,洪煌明．金华地区虎纹蛙消化道形态解剖学观察[J]．浙江师范大学学报,2005,(2)．

[5] 王春青．中国林蛙蝌蚪气泡病的诊断与治疗[J]．中国兽医杂志.2001,(2)．

[6] 王春青．中国林蛙红腿病并发肠炎病的诊断与防治[J]．黑龙江畜牧兽医.2001,(1)．

[7] 王春青．林蛙人工精养技术．吉林林学院学报[J].2001,(6)．

[8] 王春青．中国林蛙烂皮病的诊断与治疗．特种经济动植物[J].2001,(4)．

[9] 王春青．中国林蛙人工繁育技术．黑龙江畜牧兽医[J].2001,(10)．

[10] 王春青．圈养林蛙夏季疾病防治．农牧产品开发[J].2000,(11)．

[11] 高本刚．药用动物养殖技术[M]．沈阳：辽宁科学技术出版社,1999.

[12] 潘红平. 药用动物养殖[M]. 北京:中国农业大学出版社,2001.

[13] 王学明. 两栖、爬行、鸟、哺乳类中药材动物养殖技术[M]. 北京:中国医药出版社,2001.

[14] 张含藻. 药用动物养殖与加工[M]. 北京:金盾出版社,2002.

[15] 王琦. 蟾蜍的养殖与利用[M]. 北京:金盾出版社,2002.

[16] 吕向东,刘春田. 野生动物营养与饲料[M]. 北京:中国林业出版社,2001.

[17] 程世鹏,单慧. 特种经济动物常用数据手册[M]. 沈阳:辽宁科学技术出版社,2000.

[18] 刘玉文,刘梅冰. 中国林蛙养殖及饲料生产新技术[M]. 北京:科学技术文献出版社,2002.

[19] 黄权,王艳国. 经济蛙类养殖技术[M]. 北京:中国农业出版社,2007.

[20] 胡元亮. 实用药用动物养殖技术[M]. 中国农业出版社,2001.

[21] 曾中平. 牛蛙养殖技术[M]. 北京:金盾出版社,1999.

[22] 张静. 牛蛙养殖技术[M]. 合肥:安徽科学技术出版社,1996.

[23] 王凤,白秀娟. 食用蛙类的人工养殖和繁殖技术. 北京:中国农业出版社,2011.

[24] 刘明山. 美国青蛙养殖技术[M]. 北京:金盾出版社,2000.

[25] 农业部农民科技教育培训中心,中央农业广播电视学校组编. 经济蛙类养殖技术[M]. 北京:中国农业出版社,2006.

[26] 徐桂耀．牛蛙养殖[M]．北京:科学技术文献出版社，1999．

[27] 吴骏良．蟾蜍雌雄性别的外形辨认[J]．山东师范学院学报,1959．

[28] 黄志斌．新编水产药物器械应用表解手册[M]．南京:江苏科学技术出版社,2011．